FESTGABE

ZUM

DOCTOR-JUBILÄUM

DES

HERRN GEHEIMEN RATES PROFESSORS

DR. JOH. JUL. WILHELM VON PLANCK

IN MÜNCHEN.

ÜBERREICHT

VON DER

RECHTS- UND STAATSWISSENSCHAFTLICHEN FACULTÄT ZU STRASSBURG.

INHALT:

STRASSBURG.
KARL J. TRÜBNER.
1887.

G. Otto's Hof-Buchdruckerei in Darmstadt.

Hochgeehrter Herr College!

Zu Ihrem Doctorjubiläum widmet Ihnen die unterzeichnete Fakultät die nachstehenden Abhandlungen. — Sie haben mit unentwegter Energie das geschichtliche Verständnis des Civilprozesses gefördert, — Sie haben, als unser Vaterland danieder lag, mit idealer Begeisterung in die wirren Partikularrechte des Strafprozesses die Leuchte der Wissenschaft hinein getragen; — und jetzt, in einem Lebensalter, in welchem Sie wohlberechtigt wären, mit freudiger Ruhe auf ein Leben voll erfolgreicher Arbeit zurück zu blicken, treten Sie mit jugendlicher Frische für die Wissenschaft unseres geltenden Civilprozessrechts in die Schranken!

Nehmen Sie den Ausdruck unserer aufrichtigen Hochschätzung und unserer herzlichen Wünsche entgegen.

Strassburg, im October 1887.

Die rechts- und staatswissenschaftliche Fakultät

Bremer p. d.	Merkel.
Köppen.	Knapp.
Laband.	Brentano.
Schultze.	Lenel.
Nissen.	Mayer.

wegs dieses immer unbedingt aus. Trotz des allgemeinen, scheinbar das Gegenteil aussprechenden § 208 sind die meisten Fristen der C.-P.-O. nicht ausschliessender Natur.

Davon, dass im Prozess auch Zeitbestimmungen vorkommen, welche nicht die Handlungen der Parteien betreffen, wird unten die Rede sein; es wird sich aber dabei ergeben, dass das Termin- und Fristenwesen im Prozessrecht und insbesondere auch in der C.-P.-O. wesentlich mit Rücksicht auf die Parteihandlungen geordnet ist.

Der charakteristische Unterschied zwischen Termin und Frist besteht nicht, wie man oft annimmt, darin, dass der Termin ein Zeitpunkt, die Frist ein Zeitraum sei, in welchem zu handeln ist. Diese Begriffsbestimmung trifft nicht einmal äusserlich zu, denn auch Termine sind Zeiträume, oft von langer Dauer.[1] Der Unterschied steht vielmehr im Zusammenhange mit dem verschiedenen Wesen der Prozesshandlungen. Termine sind Zeiträume für solche Prozesshandlungen, welche ein Zusammenwirken von Gericht und Parteien oder auch beziehungsweise von dritten Personen (z. B. Zeugen, Sachverständigen) voraussetzen. Fristen sind Zeiträume, in welchen die Parteien einseitig zu handeln haben. Für die eigentliche Streitverhandlung der Parteien ergibt sich daraus, dass da, wo diese Streitverhandlung eine zweiseitige, unmittelbar mündliche, vor dem Richter stattfindende ist, unbedingt Termine für dieselbe notwendig sind; während da, wo die Streitverhandlung eine schriftliche, einseitige ist, Fristen die Zeitbestimmungen für dieselbe sein können und es zweckmässiger sind, weil der Richter bei der Entgegennahme von Schriftsätzen überflüssig ist.

Dieser begriffliche Zusammenhang des Unterschiedes von Termin und Frist mit dem Gegensatz des mündlichen und schriftlichen Verfahrens kommt auch geschichtlich in den verschiedenen Prozesssystemen zum Ausdruck, insofern im mündlichen Verfahren die Termine, im schriftlichen die Fristen als Zeitbestimmung für das Parteihandeln überwiegen. Damit ist keineswegs gesagt, dass dieser Gegensatz stets rein zur Erscheinung komme, und etwa für schriftliches Handeln stets ausschliesslich Fristen und nicht Termine gegeben ge-

---

[1] Vgl. auch Schwalbach, Arch. für civ. Prax. Bd. 66 S. 256; Hellmann, Lehrbuch S. 355; Planck, Lehrb. S. 506.

wesen seien. Vielmehr hat sich das schriftliche Verfahren des früheren Kammergerichts- und des gemeinen Prozesses sehr allmählich aus dem ursprünglich mündlichen Verfahren entwickelt. Gerade die äusseren Formen des Prozesses aber, weil sie mit der bestehenden Gerichtsverfassung in engem Zusammenhange stehen, bewähren, auch wenn sie innerlich abgelebt sind, eine besondere Resistenzkraft, sofern nicht die Gerichtsverfassung (was in Deutschland in jener Übergangsperiode bekanntlich nicht der Fall war) mit einem Schlage gesetzlich geändert wird. So haben sich die Formen des römischen Formularprozesses äusserlich noch lange Zeit forterhalten, nachdem die Zweiteilung des Verfahrens in jus und judicium längst ihre ursprüngliche Bedeutung eingebüsst hatte; so haben sich Reste der altdeutschen Gerichtsformen erhalten, nachdem die alte Bedeutung des Rechtsfindens durch die Urteiler längst durch das obrigkeitlich allgemein gebotene Privatrechtsgesetz beseitigt war; und so haben sich auch rein äusserlich im Kammergerichts- und im gemeinen Prozesse, als beide längst schriftlich waren, für die Vornahme schriftlicher Handlungen bis an sein Ende Termine als Rudimente des früher mündlichen Verfahrens zur Entgegennahme von Schriftsätzen erhalten, welche nunmehr zu einer ebenso inhaltslosen als belästigenden Formalität herabgesunken waren.[1]

Auch das heutige Recht kennt Termine für schriftliches Parteihandeln da, wo trotzdem ein Zusammenwirken von Partei und Richter besonders zweckmässig erscheint; so z. B. im Aufgebotsverfahren (§§ 824 ff.), im vorbereitenden Verfahren in Rechnungssachen (§§ 313 ff.) u. A.

Endlich hatte sich eine eigentümliche Combination einer Frist und eines Termines als deren Endpunkt in manchen Ländern des gemeinen Rechts und in Preussen dadurch ausgebildet, dass den Parteien für ihr Handeln die doppelte Form entweder der Einreichung eines vom Anwalt verfassten Schriftsatzes oder aber der mündlichen Erklärung zum richterlichen Protokoll gewährt war.[2] Es

---

[1] Anschaulich über diese äussere Umwandlung des Terminsinhaltes Wetzell, System des Civ.-Pr. S. 893 ff.; Schwalbachs Meinung, dass der oben erörterte Zusammenhang durch das Vorkommen von Terminen für rein schriftliche Handlungen widerlegt werde, trifft nicht zu.

[2] z. B. Preuss. Verordnungen vom 1. Juni 1833 und 21. Juli 1846. Für Neuvorpommern: vom 21. Juli 1849, u. A.

wurde für die Handlung (Klagebeantwortung, Replik etc.) ein Termin anberaumt; die Partei konnte aber anstatt in demselben zu erscheinen jederzeit vorher ihre Handlung durch Einreichung eines von einem Anwalt gefertigten Schriftsatzes vollziehen. In der That war also durch Anberaumung des Termins eine Frist gesetzt, deren Endpunkt der Termin bildete. Praktisch gewährte die Einrichtung, wie ich aus vieljähriger Erfahrung bezeugen kann, den Vorteil, dass, falls beide Teile sich nicht durch Anwälte vertreten liessen, sondern im Termin zur Klagebeantwortung erschienen und bereit waren, die Sache in diesem einen Termin spruchreif (bis zum Endurteil oder Beweisinterlocut) verhandelt werden konnte.[1]

Auch das heutige Recht kennt diese Kombination einer Frist mit einem Termin als Endpunkt. Unbedingt vorgeschrieben ist sie im Aufgebotsverfahren. Aber auch sonst kann sie vorkommen. So z. B. wenn bei vorläufiger Zulassung eines nicht legitimirten Vertreters die Frist zur Beibringung der Legitimation (§§ 54, 85) in der Form der Anberaumung eines Verhandlungstermins bestimmt wird, in welchem dieselbe spätestens beizubringen ist.[2] Ähnlich kann die Frist zur Sicherheitsleistung für die Prozesskosten (§ 104) ihren Endpunkt im nächsten Termin zur mündlichen Verhandlung finden.

Die Termine[3] sind im heutigen Recht mit Ausnahme des Falles, wenn beide Teile ohne Ladung vor dem Amtsgericht an ordentlichen Gerichtstagen zur Verhandlung erscheinen, vom Richter vorherbestimmte Zeiten nach Tag und Stunde[4] in dem Sinne, dass

[1] Übrigens war auch dieses Verfahren ein schriftliches und nicht, wie Wetzell S. 894 meint, ein mündliches. Denn dem erkennenden Gericht diente nur das im Protokoll Geschriebene, nicht etwa das Gesprochene als Kognitionsmaterial.

[2] Über die Zweckmässigkeit vgl. Schneider im Arch. f. civ. Prax. Bd. 66 S. 279 ff.

[3] Das Termins- und Ladungswesen der C.-P.-O. hat eine eingehende Behandlung erfahren durch Fischer, in Rassow-Küntzels Beiträgen, Bd. 25 S. 620 ff., 802 ff., auch separat erschienen unter dem Titel: Termin und Ladung etc. (1881).

[4] Letzteres versteht sich von selbst, obschon das Gesetz über die Stunde ausdrücklich nichts bestimmt. Sollten Terminsbestimmungen unzweckmässiger Weise nur den Tag bezeichnen, so ist die Zeit des regelmässigen Sitzungsbeginns die Terminsstunde. Fischer a. a. O. S. 56.

der Aufruf der Sache, welcher den Beginn des Termins bezeichnet (§ 197), in diesem Momente, aber nicht früher, mit den Rechtsfolgen etwaiger Versäumnis erfolgen kann. Die Parteien haben von diesem Moment an des Aufrufs der Sache gewärtig zu sein. Ein prinzipieller Gegensatz dieses Systems zum französischen Rollensystem, auf welches hier nicht näher eingegangen werden kann, liegt übrigens nicht etwa darin, dass nach letzterem nicht der Richter, sondern die Parteien die Termine bestimmt hätten. Auch nach dem Rollensystem waren die Verhandlungstermine richterliche Zeitbestimmungen, nur dass hier das Gericht bestimmte Sitzungstage ein für allemal zur Verfügung stellte, innerhalb deren die Reihenfolge des Aufrufs nach Massgabe der chronologischen Reihenfolge der Eintragungen, wie sie in die auf der Gerichtsschreiberei geführte Rolle erfolgt waren, bestimmt wurde. Praktisch wurde überdies bei den deutschen Gerichten des französischen Prozessrechtsgebietes im Preuss. Rheinland und im Elsass, soweit ich dieselbe aus eigner Erfahrung kennen gelernt habe, die Sache zweckmässig so gehandhabt, dass der erste Aufruf der Sachen nur zur Bestimmung eines späteren Verhandlungstermins diente, so dass die Sitzungstage stets mit vorherbestimmten Terminen besetzt waren, vor deren Beginn dann am Anfang der Sitzung die inzwischen in die Rolle neu eingetragenen Sachen behufs Terminsbestimmung aufgerufen wurden. Der weit wichtigere praktische Unterschied lag darin, dass zur Vorbereitung der Sache von der ohne Vorwissen des Richters erfolgten Klagezustellung an anstatt der heutigen richterlichen[1] gesetzliche, durch die Parteien erstreckbare Fristen liefen, und die Anwälte es mithin in der Hand hatten, auch lange nach Ablauf derselben die Sache nicht auf die Rolle und nicht zum Aufruf zu bringen, sodass wohl öfters die über die lange Dauer des Prozesses unwilligen Parteien zu ihrem Erstaunen erfuhren, dass derselbe noch gar nicht auf die Rolle gebracht sei.

Die Absicht, solchen durch Säumigkeit oder Konnivenz der Parteivertreter veranlassten Prozessverschleppungen vorzubeugen, war eins der hauptsächlichen Motive, welches zur Vorherbestimmung des

---

[1] Dass die Fristen zur Zustellung vorbereitender Schriftsätze heute richterliche sind, wird sich unten ergeben.

Termins führte. Dass damit Prozessverschleppungen nicht abgeschnitten worden sind, vielmehr nunmehr durch vereinbarte Aufhebung oder Vertagung des Termins oder durch beiderseitiges Nichterscheinen ins Werk gesetzt werden können, beweist die allgemeine Verfügung des preussischen Justizministers vom 23. September 1887, welche konstatiert, dass dieser Missstand in einem solchen Masse um sich gegriffen habe, dass derselbe mehr und mehr eine Schädigung der gesammten Rechtspflege herbeizuführen drohe, und in welcher den Gerichten zur Pflicht gemacht wird, demselben mit allen zulässigen Mitteln, namentlich mit der Strafgebühr des § 48 G.-K.-G. entgegenzuwirken.

Gleicht hiernach die heutige Terminsbestimmung durch den Richter äusserlich der gemeinrechtlichen richterlichen Terminsbestimmung, so hat sie doch überall da, wo Parteiladung stattfindet, einen anderen rechtlichen Charakter. Die Terminsbestimmung des gemeinen Prozesses war die richterliche Auflage an die Partei, zu der bestimmten Zeit vor Gericht zu erscheinen und zur Vornahme bezw. Entgegennahme gewisser Handlungen bereit zu sein; sie war eine richterliche Ladung, mithin Ausübung des von den Versäumnisfolgen getragenen Gerichtszwanges durch den Richter.

Die C.-P.-O. dagegen, insofern die Parteiladung die Regel bildet, ist zu der Auffassung des altrömischen und des altdeutschen Rechts, welche sich im französischen Recht wie manches andere altdeutsche stets erhalten hat, zurückgekehrt, dass die prozessualische Gewalt nicht in der Gerichtsgewalt aufgeht, sondern dass der Privatperson eine prozessualische Macht in die Hand gegeben ist, welche als zweites prozessualisches Zwangsmittel neben der Gerichtsgewalt steht.[1] Insbesondere der Teil des Rechtszwanges, den wir als Ladungszwang bezeichnen können, steht regelmässig nicht beim Richter, sondern bei der Partei. Aber auch in anderen Stadien des Prozesses, namentlich in der Zwangsvollstreckung, kommt diese zwingende Parteithätigkeit zur Geltung. Dieselbe wird selbstthätig von der Partei durch das ihr vom Staat zur Verfügung gestellte und in ihrem Auftrag handelnde Organ ausgeübt; selbst wo eine richterliche Beteiligung erforderlich, wie bei der Pfändung von Forde-

[1] Vgl. namentlich Sohm, Prozess der lex Salica S. 1 ff., S. 123.

rungen, bei der Haft, wird der Beschluss, welcher dem Drittschuldner «verbietet», an den Schuldner zu zahlen, nicht vom Gericht an den Drittschuldner erlassen, sondern dem Pfändenden zur beliebigen Ausübung seines Zwangsrechts ausgehändigt (§ 730), ebenso der sog. «Haftbefehl», sofern die Haft der Privatrechts-Vollstreckung oder -Sicherstellung dient (§§ 774, 798, 812). Auch hier übt nicht der Richter, sondern die Partei die prozessualische Gewalt. Beide Beschlüsse sind nicht Befehle des Gerichts, durch welche dasselbe den Gerichtszwang übt, denn dann hätte das Gericht auch für ihre Ausführung zu sorgen; sondern Feststellungen, dass die Voraussetzungen des dem Privaten zustehenden Zwangsrechts dieser Art vorliegen. Diesem ist es nunmehr überlassen, sein Zwangsrecht auszuüben, indem er den Gerichtsvollzieher mit der Ausführung beauftragt, oder aber es nicht auszuüben, wenn er nicht will.[1]

Was nun die Ladung betrifft, so übt diesen Teil des prozessualischen Zwanges die Partei, wie im altrömischen Recht durch in jus vocatio, im altdeutschen Recht durch mannitio, im französischen Recht durch exploit, so im heutigen Recht durch den formellen Ladungsakt. Dabei findet allerdings die Modifikation statt, dass es nach der altrömischen und altdeutschen Gerichtsverfassung, wie auch nach heutigem französischen Recht vermöge der den Parteien allgemein zur Verfügung stehenden Gerichtstage und anderer Einrichtungen

---

[1] Über die Stellung der Partei und des Gerichtsvollziehers in der Zwangsvollstreckung: Schultze, Privatrecht und Prozess S. 57—86; Demelius in Grünhut's Zeitschr. Bd. XI S. 731; Struckmann-Koch zu § 674; Seuffert in Grünhut's Zeitschr. Bd. XII S. 637. Die Bemerkungen v. Schrutka-Rechtenstamms über das daselbst ausgeführte in Grünhut's Zeitschr. Bd. XIII S. 567 ff. scheinen mir auf einem Missverständnis zu beruhen. In der Sache sagt er dasselbe, was ich gesagt habe: dass der Privatberechtigte über sein Zwangsrecht beliebig verfügen kann, aber sich zur Ausübung desselben des ihm vom Staate dazu zur Verfügung gestellten Organes bedienen muss. Der Unterschied scheint mir lediglich darin zu bestehen, dass, während ich denjenigen, der über die Ausübung seines Zwangsrechtes beliebig verfügen kann, das Subjekt der Zwangsbefugnis und daher der Zwangsvollstreckung nenne, Schrutka dagegen das Organ, welches verpflichtet ist, ihm dazu die Faust zu leihen, das Subjekt der Zwangsvollstreckung nennen will. Wegen des von ihm bezweifelten Auftragsverhältnisses verweise ich hier vorläufig nur noch auf die zufolge des Preuss. Ausführungsgesetzes vom 24. Sept. 1878 § 73. erlassene Preuss. Gerichtsvollzieherordnung vom 14. Juli 1879, bes. §§ 18, 23, 34, 35.

einer besonderen vorherigen Zeitbestimmung durch den Richter (wenigstens bei der Ladung zum ersten Termin) nicht bedurfte, während eine solche nach der C.-P.-O. notwendig ist. Eine Ladung ohne vorherige Zeitbestimmung würde heute wirkungslos sein. Allein diese heutige Terminsbestimmung auf der Parteiladung ist nicht Ausübung des Gerichtszwanges, nicht Grund und Veranlassung für den Eintritt der Versäumnisfolgen, nicht Ladung; vielmehr ist sie im eigentlichen Sinne reine Zeitbestimmung, d. h. Angabe einer Zeit, welche der Richter den Parteien für die Vornahme ihrer Prozesshandlung zur Verfügung stellt. Das Ladungsrecht und den Ladungszwang übt, soweit Parteiladung stattfindet, nicht der Richter sondern die Partei selbst. Allerdings steckt uns noch der in Deutschland lang gewohnte Zustand, dass nur der Richter und nicht auch die Partei einen Teil des prozessualischen Zwanges habe, in Fleisch und Blut. Unrichtig hält Wach die. Terminsbestimmung des Vorsitzenden auf der Parteiladung wie die frühere gemeinrechtliche Richterladung, für eine «unter dem Gerichtszwange stehende richterliche Auflage, in diesem Termin zu erscheinen und zu gewissen Handlungen bereit zu sein», für einen richterlichen Erscheinungsbefehl, dessen Besorgung der Partei überlassen sei. Diese Auffassung ist der Grund, weshalb ihm das Ladungswesen der C.-P.-O. unverständlich geblieben ist, und der mannigfachen unbegründeten Vorwürfe gegen dasselbe.

So meint er z. B. dass, da nach § 294 Abs. 3 alle nicht verkündeten Entscheidungen den Parteien zuzustellen sind, müsse auch die Terminsanberaumung beiden Teilen von Amtswegen zugestellt werden, und hält die gegenteilige Bestimmung des § 191 für einen Widerspruch.[1] Allein die Terminsbestimmung auf der Parteiladung ist keine unter dem Gerichtszwange stehende richterliche Auflage an die Parteien, kein richterlicher Erscheinungsbefehl, dessen Besorgung anstatt wie früher dem Gerichtsboten aufgetragen, jetzt der Partei überlassen würde.[2] Das geht schon daraus hervor, dass es auch nach der Terminsbestimmung vollständig im Belieben der Partei steht, ob sie ihr Ladungsrecht ausüben und von derselben Gebrauch machen will oder nicht. Will die Partei den ihr zustehenden Ladungszwang

---

[1] Wach, in Münch. Krit. Viert. Schr. Bd. 14 S. 351 ff., Bd. 15 S. 340 ff.

[2] Vgl. gegen Wach auch Fischer a. a. O. S. 77, S. 113 ff.

nicht ausüben, so wird die Terminsbestimmung gegenstandslos, und auf eine später etwa wieder zur Terminsbestimmung vorgelegte Ladung, hat der Vorsitzende von neuem eine Terminszeit zur Verfügung zu stellen. Eine richterliche Zustellung der Terminsanberaumung an die Parteien wäre unzulässig, da der Richter gar nicht das Recht hat, dieselben zu laden, und die Zustellung an den laden Wollenden wäre überdies widersinnig, da derselbe das Original der Terminsbestimmung zur beliebigen Ausübung seines Ladungsrechtes ausgehändigt bekommt. Aber diese Aushändigung bindet den Kläger nicht. Vielmehr steht, wie im altfränkischen[1] und neufranzösischen, so auch im heutigen Recht der C.-P.-O. die klägerische Partei nur unter dem Zwange der von ihr selbst vorgenommenen formellen Handlung. Wie der Beklagte, so ist auch der Kläger nur durch die eigne Ladung gebunden. Nicht richterliche Terminsbestimmung, sondern nur die eigne Ladung begründet die Versäumnisnachteile gegen ihn.

Allein die Terminsbestimmung ist, wenn auch keine Ausübung des Gerichtszwanges, kein Erscheinungsbefehl, so doch eine Amtshandlung des Vorsitzenden, und daraus ergiebt sich, dass derselbe das Vorhandensein der formellen Voraussetzungen für diese Amtshandlung zu prüfen hat. Darüber, welchen Umfang dieses Prüfungsrecht habe, gehen die Ansichten auseinander.[2] Ich muss es mir versagen, hier auf die streitigen Einzelfragen einzugehen, um so mehr als nach meiner Auffassung der Terminsbestimmung die Auffindung der richtigen Grenzlinie nicht sowohl bedingt ist durch den Gegensatz von richterlicher und Parteiladung, als vielmehr durch die Erwägung, dass die Terminsbestimmung keine Handlung des Gerichts, sondern lediglich des Vorsitzenden ist, und durch den Grundsatz der mündlichen Verhandlung, woraus sich ergiebt, dass die Terminsbestimmung aus keinem Grunde verweigert werden kann, welcher der Entscheidung über eine sachliche Frage auch nur mittelbar präjudizieren könnte.

---

[1] Sohm, a. a. O. S. 142.

[2] Vgl. darüber Fischer, a. a. O. S. 13 und Arch. f. civ. Prax. Bd. 70 S. 344; Baron, Zeitschr. f. d. Civ.-Proz. I. S. 408; Eccius, in Kassow-Küntzels Beitr. Bd. 29 S. 1 ff.; Fortenbach, in Zeitschr. f. d. Civ. Pr. Bd. 6. S. 153 ff. und die Commentare zu § 193.

Was den Begriff der Fristen angeht, so ist zunächst die Terminologie der C.-P.-O. eine äusserst mangelhafte. Sie bezeichnet mit diesem Wort bald nur die Fristen für Parteihandlungen, bald die verschiedenartigsten andern Zeiträume; so z. B. gewisse zu den materiellen Voraussetzungen des Ausschlussurteils im Aufgebotsverfahren gehörende Zeitabschnitte (§§ 843, 844), die Zeiträume, welche zwischen Ladung und Termin den Parteien frei bleiben sollen (die sog. «Ladungs- und Einlassungsfristen»), den Zeitraum, nach dessen Ablauf die öffentliche Zustellung als bewirkt gilt (§ 189), und dgl. mehr. Die heutige Theorie neigt in Veranlassung dieser sorglosen Terminologie des Gesetzes ebenfalls dazu, alle in der C.-P.-O. fixierten Zeiträume Fristen zu nennen und wird dadurch zur Aufstellung einer Reihe mannigfacher Unterbegriffe, der «eigentlichen» und «uneigentlichen», der «echten» und «unechten» Fristen genötigt, welche dann freilich wieder sehr verschieden verstanden werden. Daneben hat sich dann noch ein eigner Begriff der «Zwischenfristen» gebildet, für welchen besondere Grundsätze aufgestellt werden.[1] Die Theorie neigt ferner in Veranlassung jener vagen Terminologie des Gesetzes dazu, die im Buch I Abschn. 3 Tit. 3 der C.-P.-O. über «Fristen» gegebenen allgemeinen Bestimmungen in möglichst weitem Umfange auf alle Zeitbestimmungen der C.-P.-O. anzuwenden.

Eine klare Einsicht in die rechtliche Natur dieser mannigfaltigen Zeiträume, eine befriedigende Einteilung derselben und eine richtige

---

[1] So versteht z. B. Seuffert, Comm. Vorb. zu § 191 unter «eigentlichen» Fristen die für die Handlung einer Partei oder eines Dritten bestimmten Zeiträume, unter «uneigentlichen Fristen» die für Richterhandlungen bestimmten Zeitbestimmungen, denen er dann eine dritte «eigenartige» Kategorie hinzufügt. Gaupp, Comm. S. 494 nennt «eigentliche Fristen» nur die für Parteihandlungen bestimmten. Schwalbach a. a. O. nennt «echte» oder «eigentliche Fristen» diejenigen Zeiträume, welche von einem bestimmten Zeitraume an zu berechnen sind («laufende Fristen») und auf welche daher die Bestimmungen der C.-P.-O. über Berechnung und Hemmung unmittelbar angewendet werden können. Der Begriff der sog. «Zwischenfristen», für welche besondere Grundsätze aufgestellt werden, wird in verschiedenem Umfang gebraucht. Beiläufig: der Ausdruck Zwischenfrist findet sich nur einmal im Gesetz (§ 826) zur Bezeichnung der Zeit räume, welche zwischen den einzelnen öffentlichen Bekanntmachungen des Aufgebots (sofern überhaupt mehrere nötig sind) liegen sollen, also für Zeiträume, welche überhaupt keine Handlungsfristen sind.

Begrenzung der Anwendung jener allgemeinen Bestimmungen wird sich nur erzielen lassen, wenn wir von nebensächlichen Eigenschaften, ob z. B. die Bestimmungen über Berechnung auf diesen oder jenen Zeitraum anwendbar sind, bei der Begriffsbestimmung absehen, vielmehr die wesentliche und inhaltliche Zweckbestimmung der Zeiträume ins Auge fassen.

Die Einzelbetrachtung derselben ergiebt nun, dass dieselben sich zunächst in drei grosse Gruppen einteilen lassen, nämlich: 1) Zeitbestimmungen für die Handlungen der Gerichtspersonen. 2) Zeitbestimmungen für die Parteihandlungen. 3) Zeiträume, die sich hier zunächst nur negativ dahin charakterisieren lassen, dass sie weder diese noch jene Bestimmung und unter sich wieder eine verschiedene Natur haben. (Näheres unten unter III.)

Die für die Theorie weitaus wichtigste Gruppe, für welche allein sich allgemeine Grundsätze aufstellen lassen und für welche, wie sich ergeben wird, allein auch die allgemeinen Bestimmungen der C.-P.-O. über Fristen gegeben sind, sind die Fristen für die Parteihandlungen. Sie allein hat auch die frühere gemeinrechtliche Wissenschaft unter dem Begriff der Fristen verstanden und behandelt.[1] Durchaus bezeichnend in dieser Richtung, wenn auch buchstäblich nicht richtig, ist es, wenn Brakenhöft in seiner eingehenden und ausführlichen Darstellung der Lehre von den Fristen sogar die prozessualischen Zeitbestimmungen überhaupt geradezu definiert als «die Modifikationen der Befugnisse der Parteien eines anhängigen Rechtsstreits zur Vornahme von Prozesshandlungen».[2] Ich nenne diese Fristen, da wir einer unterscheidenden Bezeichnung bedürfen, und eine bessere und ebenso kurze, welche zugleich einen inhaltlichen Hinweis auf ihre Bestimmung enthält, und deshalb dem vieldeutigen «eigentlich» etc. vorzuziehen sein dürfte, sich mir nicht darbietet, «Parteihandlungsfristen» oder kurz «Parteifristen».

Bevor ich unter II. zu dieser Hauptgruppe übergehe, sollen hier zunächst kurz erwähnt werden:

---

[1] So auch die österreichische Theorie; v. Canstein, Lehrb. des österr. Civ. Pr. I. S. 545 ff.; Ullmann, das österr. Civilprozessrecht S. 152.

[2] Brakenhöft, Erörterungen S. 497.

I. DIE ZEITBESTIMMUNGEN FÜR HANDLUNGEN DER GERICHTSPERSONEN.

Die Justizbeamten (Richter, Gerichtsschreiber, Gerichtsvollzieher) haben vermöge ihrer Amtspflicht stets sofort oder doch so schnell wie möglich zu handeln. Besondere Zeitbestimmungen für ihr Handeln finden sich daher nur ausnahmsweise. Dahin gehören die Bestimmungen:

a) dass die Terminsbestimmungen durch den Vorsitzenden binnen 24 Stunden erfolgen sollen (§ 193);

b) dass die Urteilsverkündung nicht über eine Woche hinausgeschoben werden soll (§ 281);

c) dass das Urteil innerhalb einer Woche nach der Verkündung in vollständiger Abfassung dem Gerichtsschreiber übergeben werden soll (§ 286);

d) dass der Gerichtsschreiber des Berufungs- und des Revisionsgerichts die Akten binnen 24 Stunden einfordern soll (§§ 506, 529).[1]

Verletzung der hier gesetzten Pflichten macht die betreffenden Beamten der Justizaufsichtsbehörde gegenüber verantwortlich, aber hat keine prozessualischen Wirkungen.[2] Die Prozessordnung gebraucht für diese Zeitbestimmungen nirgends die Bezeichnung Frist und die Theorie wird es richtiger ebenfalls nicht thun, anstatt eine besondere Kategorie «uneigentlicher Fristen» daraus zu machen. Die allgemeinen Bestimmungen der C.-P.-O. über Fristen (§§ 191 ff.) finden keine Anwendung.[3]

---

[1] Frühere Ordnungen kannten drgl. Zeitbestimmungen mehr. Interessant auch in dieser Richtung ist der erste energische Eingriff Friedrichs des Grossen in die damalige Prozessmisere durch die «Konstitution, wie die Prozesse in Pommern nach dem von Sr. Majestät in Preussen vorgeschriebenen Plane in einem Jahre in allen Instanzen zu Ende gebracht werden sollen» vom 31. December 1746, und das dieselbe vorbereitende Edikt vom 4. Okt. desselben Jahres. Sowohl diese Zeitbestimmung von einem Jahre als die vielen einzelnen Zeitvorschriften für die Beamten (namentlich §§ 6, 7) haben lediglich einen disziplinarischen Charakter.

[2] Ausnahmsweise kann Verletzung seiner Pflicht durch den Gerichtsvollzieher die Wiedereinsetzung in den vorigen Stand begründen im Fall des § 213.

[3] Darüber ist man heute einig, vgl. Eccius in Rassow-Küntzel's Beitr. Bd. 23 S. 739; Planck, Lehrb. S. 504 Anm. 2 und 6 u. A.

Nicht hierher gehören die von manchen Schriftstellern hierher gerechneten Bestimmungen der § 287, 717, 761, 794, sowie die im Aufgebotsverfahren vorkommenden Zeitbestimmungen. Dieselben werden unter III. Erwähnung finden.

II. DIE PARTEIFRISTEN.

Durch die Parteifristen werden die zeitlichen Endschranken bestimmt für die Ausübung gewisser Parteibefugnisse. Schon allgemein sprachlich ist dieses Moment der Endschranke, des Zieles das Wesentliche im Begriff der Frist (räumlich = First); daher auch Aufschub, Anstand für Frist gebraucht wird.[1] Vor allem bei den Prozessfristen fällt dieses wesentliche Moment ins Gewicht, da sie eben das äusserste Endziel für gewisse Parteihandlungen bestimmen und dadurch ein Konzentrationsmittel des Prozessstoffes bilden sollen behufs Abschneidung endloser Streiterei. Daraus ergiebt sich, dass eine Prozesshandlung, sofern es der Lage der Sache nach möglich, auch vor dem Zeitpunkt vorgenommen werden kann, von welchem an die ausschliessende Frist für sie berechnet wird.[2]

Dass Fristen für Parteihandlungen im heutigen Recht ungleich seltener sind als im früheren gemeinen Recht, liegt in der Mündlichkeit und Unmittelbarkeit des heutigen Prozessverfahrens und der damit zusammenhängenden Einheitlichkeit der mündlichen Verhandlung. Aus letzterer ergiebt sich, dass die regelmässige Endschranke für das stoffliche Vorbringen beider Teile der Schluss derjenigen mündlichen Verhandlung ist, auf welche das Endurteil ergeht. Wie in der Möglichkeit des Letzteren nach jeder mündlichen Verhandlung ein Antrieb für die Parteien zu möglichst sofortiger vollständiger Ausübung des Verteidigungsrechtes liegt, so dass besondere Konzentrationsmittel, deren das schriftliche Verfahren bedurfte, entbehrlich werden; so giebt es andererseits innerhalb der mündlichen Verhandlung keine Prozess- und Zeitabschnitte mit vorherbestimmtem Inhalt. Fristen zur Vornahme von Prozesshandlungen kommen mithin im heutigen Verfahren wesentlich nur vor für an sich einseitige Hand-

---

[1] Grimm, deutsches Wöterbuch s. v. Frist.

[2] Darüber Näheres unten unter A. 1, a.

lungen, so namentlich für Einlegung der verschiedenartigen Anfechtungsmittel gegen richterliche Entscheidungen, für Bestellung von Sicherheiten u. drgl. Ausser den Fristen giebt es aber für gewisses Parteivorbringen im heutigen Prozess auch innerhalb der mündlichen Verhandlung noch Endschranken, welche nicht durch den zeitlichen Endpunkt einer Frist, sondern durch ein anderes prozessualisches Ereignis, insbesondere durch ein anderes prozessualisches Handeln der Partei selbst gesetzt werden. Dahin gehört namentlich der Grundsatz, dass Prozesseinwände, d. h. die Rüge eines Mangels in den prozessualischen Thatbeständen insbesondere also in den Thatbeständen der Prozessrechtsgeschäfte beziehungsweise der Prozesshandlungen, soweit diese Mängel nicht von Rechtswegen berück-rücksichtigt werden müssen, ausgeschlossen werden dadurch, dass die erschienene Partei bei der nächsten auf das mangelhafte Verfahren sich gründenden mündlichen Verhandlung die ihr mögliche Rüge unterlassen hat (§ 267), ein Grundsatz, der bei der Unterart der prozesshindernden Einwände noch besonders ausgestaltet ist (§ 247, 248).[1]

---

[1] Auf den obigen Begriff der Prozesseinwände und den rechtsgeschäftlichen Charakter der Prozesshandlungen kann hier nicht näher eingegangen werden. Vgl. einstweilen Schultze, Konkursrecht S. 139 Anm. 1 u. Privatrecht u. Prozess. I. S. 48. bes. 287—294; ferner Kohler, über prozessrechtliche Verträge und Kreationen in Rassow-Küntzel's Beitr. Bd. 31 S. 277 ff., S. 481 ff. bes. 278. Der Begriff des Rechtsgeschäfts ist kein dem Privatrecht eigentümlicher, sondern auf eine ganze Reihe von Prozesshandlungen anwendbar, z. B. Klagerhebung, Prorogation, auch stillschweigende, Einlassung, Nebenintervention, Streitverkündung, Hinterlegung im Fall des § 72, laudatio auctoris, Prozessvollmacht, Sicherheitsleistung u. a. Auch Wach giebt den rechtsgeschäftlichen Charakter von Prozesshandlungen zu z. B. Handbuch I S. 8 f., S. 323, 366, 368 u. A.; und zwar in Form einer gereizten (mir sachlich übrigens nicht verständlichen) Polemik gegen eine mir in den Mund gelegte Behauptung, dass «der Prozess ein Rechtsgeschäft sei». Ich soll mich «dieses logischen Fehlers schuldig gemacht haben», S. 9. Ich habe etwas derartiges niemals behauptet. Im Gegenteil habe ich in Stellungnahme gegen die verbreitete Ansicht, dass der Prozess «ein einheitliches Rechtsverhältnis» sei, besonders betont, dass derselbe sich als «ein Komplex sehr mannigfaltiger Prozessrechtsgeschäfte und sehr verschiedenartiger Prozesshandlungen rechtsgeschäftlichen Charakters» darstelle (a. a. S. 287 ff.), von denen sich eine grosse Zahl innerhalb des durch die Klagerhebung begründeten Rechtsverhältnisses der Rechtshängigkeit vollziehe, und dass der Prozessbegriff m. E. ohne den Begriff

Zu diesen mittelbaren Schranken gehört ferner der Ausschluss der Ablehnung des Richters (§ 43), sowie der Benennung des wahren Besitzers (§ 73) durch gewisse andere Prozesshandlungen; der Ausschluss eines nicht sofort erklärten Widerrufs der Erklärungen des Parteivertreters (§ 81), die mittelbar zeitliche Beschränkung der Änderung und Zurücknahme der Klage (§§ 235, 240, 243). Alle diese Schranken haben mit der Lehre von den Fristen nichts zu thun, kommen aber in Betracht rücksichtlich der Folgen der Versäumnis im weiteren Sinne und der Möglichkeit ihrer Beseitigung, insbesondere rücksichtlich der Verwirklichung der Restitutionsidee in der C.-P.-O., und werden bei dieser Gelegenheit erwähnt werden.

Abweichend fasst Bekker[1] die prozessualischen Fristen nicht als Zeitgrenzen für die Ausübung von Rechten, sondern als solche für den Erwerb gewisser Rechte. Er unterscheidet rücksichtlich der Befristung: a) gesetzliche Zeitgrenzen für Bestand und Geltendmachung gewisser Rechte, z. B. ususfructus und andere Personalrechte, die nicht auf Lebensdauer gestellt sind, Urheberrechte, Patentrechte etc.; b) gesetzliche Zeitschranken für den Erwerb gewisser Rechte und rechnet hierher z. B. die Bestimmungen des Hand. G. B. § 319, 347, 349, der Wechs.-O. § 19, 31, 41, 43, 45, 62, 99, sowie die Fristen der C.-P.-O. Überall stehe hier in Frage der Erwerb sei es eines wirklichen Rechtes, sei es nur einer besseren Rechtslage, wie besonders bei den prozessualischen Fristen. Für die angezogenen Bestimmungen der Wechs.-O. trifft diese Auffassung m. E. zu. Es handelt sich dort um die rechtzeitige Herbeiführung einer der Voraussetzungen für die Existentwerdung eines wechselmässigen Anspruchs. Die angezogenen Bestimmungen des H.-G.-B.

---

der prozessualen Rechtsgeschäfte nicht zu konstruieren sei (vgl. auch Hellmann Lehrb. S. 1). Dieselbe Ansicht scheint mir nun im Wesentlichen auch Wach zu vertreten. — Man wird ja über die rechtsgeschäftliche Natur von Prozesshandlungen noch viel streiten, so lange man sich nicht über den Begriff des Rechtsgeschäftes einigen und namentlich geneigt sein wird, denselben für einen spezifisch privatrechtlichen zu halten, und es ist hier nicht der Ort, einen Beitrag zu dieser Materie zu liefern; allein ich durfte diese erste Gelegenheit nicht vorübergehen lassen, ohne mich gegen ein Missverständnis zu verwahren, welches die Fragen, die ich angeregt und den Standpunkt, welchen ich zu ihnen eingenommen habe, in ein durchaus falsches Licht zu stellen geeignet ist.

[1] System des heutigen Pandektenrechts I S. 123.

dagegen beziehen sich m. E. auf die rechtzeitige Ausübung eines durch die mangelhafte Vertragserfüllung bereits existenten Rechtes. Was endlich die Prozessfristen betrifft, so ist ja allerdings die Auffassung möglich, dass bei Benutzung derselben die Erlangung einer besseren Rechtslage in Frage stehe. Allein dieser Gesichtspunkt ist der auf den von der Partei verfolgten, ausserhalb des Prozesses liegenden Zweck, auf den von ihr zu erreichenden materiellrechtlichen Erfolg gerichtete und deshalb m. E. für das Prozessrecht nicht entscheidend. Die prozessualen Begriffsbestimmungen, sowie namentlich die Begriffsbestimmung des Prozesses selbst, können wir nicht den etwaigen und mannigfaltigen ausserhalb des Prozesses liegenden materiellrechtlichen Zwecken und Zielen, welche die Parteien durch die Prozessführung etwa verfolgen mögen, entnehmen, sondern wir müssen sie im Prozesse selbst suchen. Und von diesem prozessualischen Gesichtspunkt aus erscheinen die Prozessfristen als Zeitschranken für die prozessualische Rechtsausübung.[1]

[1] Die früher herrschenden Begriffsbestimmungen des Civilprozesses als des Verfahrens «zur Wiederherstellung von Rechtsverletzungen» oder «Entscheidung eines Streites» gingen von den am häufigsten durch den Prozess verfolgten Zwecken aus, und schlossen durch ihre Einseitigkeit die Präjudicia oder sog. «Feststellungsklagen» von dem Begriffe des Prozesses aus, welche vielmehr als eine irreguläre, besondere Art von Klagen erschienen. In meinem Konkursrecht S. 140 ff. habe ich ausgeführt, dass die mannigfaltigen im Prozess verfolgten ausser ihm liegenden Parteizwecke nicht das begriffsbestimmende Moment abgeben können, sondern dass dieses in dem Verfahren selbst gesucht werden müsse (S. 151). Ich suchte daher jene Definitionen als unzutreffend darzulegen und fand ein wesentliches Merkmal des Prozesses im heutigen Recht, namentlich auch im Gegensatz zur freiwilligen Gerichtsbarkeit, in der durch das Urteil erfolgenden autoritativen Feststellung. Damit glaube ich den Boden für eine einheitliche Auffassung aller Klagen und Urteile gewonnen. Die auf «Feststellung» und die auf «Leistung» gerichteten Klagen und Urteile unterscheiden sich nicht durch eine Verschiedenheit der erbetenen und geübten richterlichen Funktion, sondern allein durch die Verschiedenheit des Gegenstandes der Feststellung (Konk.-R. S. 55 ff.). Historisch habe ich dann dieses Wesen des heutigen Urteils im Gegensatz zu früheren Rechtssystemen in meinem Privatr. u. Prozess, I näher nachzuweisen gesucht. (Für das heutige R. das. S. 360, 409 ff., 425 f., 525 ff., 546 ff., 577 ff., 583 f.) Beiläufig: für Wach existieren historische Unterschiede im Wesen der Richterfunktion nicht, sie werden einfach «abgelehnt»; denn für die «Dogmatik» steht das Wesen d. h. der «metaphysische Begriff» des Prozesses und des Urteils stets und für alle

Der Unterschied zwischen Verjährung und Befristung hat, da die Verjährung ein civilrechtliches Institut ist, wesentlich nur für die civilrechtliche Befristung Bedeutung. Zur Erkenntnis der rechtlichen Natur der Prozessfristen ist ein näheres Eingehen auf dieselben nicht erforderlich. Ich halte den allgemeinen Grundgedanken, dass es sich bei der Verjährung um Aufhebung eines an sich seiner

---

Zeiten als ein und derselbe fest. (Wach. Handb. I S. 7.) Welche Rolle dieses Dogma der Rechtsgeschichte noch übrig lässt, kann hier nicht gezeigt werden. Die Auffassung des heutigen Urteils als lediglich autoritativer Feststellung ist heute vielfach anerkannt (z. B. Schanze, Zeitschr. f. d. ges. Strafr. IV S. 437 ff.; v. Canstein, Lehrb. I S. 485; Hellmann, Lehrb. S. I ff. u. A.) Ich freue mich rücksichtlich der Unzulänglichkeit der möglichen Parteizwecke zur Begriffsbestimmung des Prozesses und der Unrichtigkeit der früheren Definitionen den gleichen Ausführungen nunmehr auch bei Wach, Handbuch I § 1 zu begegnen, allerdings wieder in Form einer Polemik gegen eine angeblich von mir aufgestellte, sich von vornherein als unrichtig kennzeichnende Behauptung, dass der Zweck des Prozesses lediglich in der urteilsgemässen Formulierung des Rechts bestehe (S. 10). Ich habe eine derartige Behauptung niemals aufgestellt, vielmehr jede Definition lediglich aus den möglichen Zwecken bekämpft. An dieser Stelle kann ich natürlich nur auf meine früheren Ausführungen verweisen; auch hier aber darf ich diese erste Gelegenheit nicht vorübergehen lassen, gegen diese missverständliche Unterstellung mich zu verwahren. Bemerken will ich nur noch, dass Wach sodann (S. 11) das Urteil ebenfalls definiert als «die richterlich autoritative Feststellung» des den Prozessgegenstand bildenden Rechtsverhältnisses. Ausser dieser Feststellung soll dann nach Wach das «verurteilende» Erkenntnis noch «stillschweigend» einen «Vollstreckungsbefehl» enthalten, was ich nach dem Gesagten für unrichtig halte (vgl. Priv.-R. und Proz. S. 58). Wach's Begriffsbestimmung des Prozesses und der freiwilligen Gerichtsbarkeit als Verfahren einerseits zwecks «Privatrechtsbewährung» und andererseits zwecks «Privatrechtsgestaltung» geht trotz der von ihm zugegebenen Unzulänglichkeit der möglichen Parteizwecke zur Begriffsbestimmung (S. 4) dennoch wieder von den ausserhalb des Verfahrens liegenden Zwecken aus, und scheint mir, sofern man überhaupt Gegensätze darunter denken kann, lediglich eine Wiederholung der von ihm selbst bekämpften Definition nur in unbestimmterer und unklarerer Form zu sein. Der Zweck sowohl der streitigen als der freiwilligen Gerichtsbarkeit ist Verwirklichung und Schutz des Privatrechts oder wenn man will «Rechtsbewährung». Der Unterschied liegt in den verschiedenen Mitteln und Formen, welche im Prozesse in letzter Linie zur rechtskräftigen Feststellung (geeigneten Falls natürlich auch Zwangsvollstreckung) in der freiwilligen Gerichtsbarkeit aber nicht zu ersterer führen können. Demgemäss wird denn auch ein verschiedener Grad der Rechtsverwirklichung beziehungsweise des Rechtsschutzes durch jenen und durch diese bewirkt.

Dauer nach nicht beschränkten Rechtes handle, die Befristung dagegen von vornherein die Lebensdauer eines Rechtes auf gewisse Zeit beschränkt, auch auf die Prozessfristen für anwendbar. Allein die von Grawein daraus, allerdings ohne Rücksicht auf die prozessualische Befristung, abgeleiteten «praktischen Unterschiede» treffen bei diesen letzteren zum grossen Teil nicht zu; so namentlich nicht der von Grawein für die Fristen behauptete Ausschluss der Hemmung und Unterbrechung; ferner beginnen viele Prozessfristen nicht wie die Fristen Graweins mit der Existenz des Rechtes, sondern wie die Verjährung erst mit der Möglichkeit seiner Ausübung, so namentlich z. B. die Notfristen für die Nichtigkeits- und Restitutionsklagen (§§ 542, 543, 549, Ausnahme § 542 Nr. 4) u. A.; und endlich giebt es gegen den Ablauf gewisser prozessualischer Fristen eine Wiedereinsetzung in den vorigen Stand. In allen diesen Punkten weisen die Parteifristen mehr die von Grawein behaupteten Merkmale der Verjährung, als die der Befristung auf.[1] Von gewissen mit Unrecht als Verjährungsfristen bezeichneten Parteifristen wird unten noch die Rede sein.

Die Parteifristen teilen sich in zwei rechtlich verschieden normierte Gruppen: die gesetzlichen und die richterlichen Fristen. Die heutige Theorie ist sich über die Begriffsbestimmung und über die Subsumption der einzelnen Fristen unter diese oder jene Kategorie keineswegs einig; sie hat hier von der gemeinrechtlichen Theorie eine recht grosse Verwirrung geerbt, welche die Folge davon war, dass man mehrere sich durchkreuzende Gesichtspunkte für die eine Unterscheidung massgebend machte. Man machte die eine Unterscheidung abhängig sowohl davon, wer die Dauer der Frist bestimmt, als auch gleichzeitig von dem Ereignis, welches sie in Lauf setzt, und zugleich davon, ob der Richter zur Fristerteilung vom Gesetz angewiesen sei oder nicht, und endlich noch davon, ob ihm dabei vom Gesetz ein Minimum vorgeschrieben sei, und zog dann auch noch die Folgen der Fristversäumnis mit in diese Begriffsbestimmung hinein.

So rechnete z. B. Gensler[2] zu den gesetzlichen Fristen: 1) die-

---

[1] Über die Bedenklichkeit jener «praktischen Unterschiede» auch für das Civilrecht vgl. Bekker, a. a. O. S. 125.

[2] Arch. f. civ. Pr. Bd. 4 S. 194 ff.

jenigen, welche ihrer Dauer nach ein für allemal vom Gesetz vorgeschrieben sind und ohne richterliche Verfügung ihren Lauf beginnen, wie z. B. die Fristen für Einwendung der Appellation,[1] sowie die für die Erbittung der Apostel und für Übersendung der Akten.[2] 2) Diejenigen, welche der Richter im einzelnen Falle bestimmt, sofern er vom Gesetz dazu angewiesen und ihm etwa auch ein regelmässig einzuhaltendes Minimum vom Gesetz vorgeschrieben war.[3] Alle diese angeblich «gesetzlichen» Fristen nannte Gensler «Ordnungsfristen». Da nun aber die ersteren Fristen unerstreckbar, die letzteren dagegen erstreckbar waren, so hatte man zwei ihrer rechtlichen Natur nach durchaus verschiedene Arten von Fristen in eine systematische Kategorie gebracht und sah sich zu einer Unterunterscheidung genötigt. Man nannte die «gesetzlichen» Fristen «Ordnungsfristen» und die erstere Art derselben «Fatalien» und hatte nun also unerstreckbare und erstreckbare, gesetzliche oder Ordnungsfristen.

Andere dagegen nannten nur die Fatalien Ordnungsfristen[4] und kannten daher keine erstreckbaren Ordnungsfristen. Bei den hiernach sog. «gesetzlichen» Fristen machte man nun noch eine andere Unterunterscheidung. Diejenigen, welche ihren Lauf unabhängig von einer richterlichen Verfügung mit irgend welchem anderweiten prozessualischen Ereignis (z. B. Zustellung oder Verkündung des Urteils) beginnen, nannte man unbedingt gesetzliche Fristen (dilationes legales absolute tales); diejenigen, welche durch besondere richterliche Verfügung in Lauf gesetzt werden, dagegen: gemischt gesetzliche Fristen (dilat. legales secundum quid tales)[5].

---

[1] l. 1 § 5, 11—15; l. 2 pr. l. 3. D. quando app. 49, 4. — Nov. 23, cap. 1, cap. 3. — Cap. 15 X de sent. et re jud. 2, 27; K.-G.-O. 1555 II. tit. 29 § 2; J.-R.-A. § 121.

[2] K.-G.-O. II. tit. 30 § 1; J.-R.-A. § 61—63.

[3] z. B. die bei Ladung Ungehorsamer zu setzenden Fristen der l. 69—72 D. de jud. 5. 1. Regelmässig sollte dreimalige Ladung per intervallum non minus decem dierum erfolgen, vgl. l. 13 § 2 cod. de jud. 3, 1; Nov. 112 c. 3. Jedoch kann der Richter eine einmalige sofort peremtorische Ladung verfügen. l. 72 D. cit.; doch soll er dabei nicht terminum nimis brevem statuere. Übrigens ist dem Ermessen des Richters Spielraum gegeben — nisi forte necessitate urgente taliter maturare etc. cap. 1 X. de dilat. 2, 8.

[4] So z. B. Martin, Lehrb. § 119.

[5] Gensler a. a. O., als Beispiel der Letzteren zog man namentlich die

Wetzell[1] unterscheidet «richterliche Fristen» und «sog. Fatalien». Die ersteren werden nicht definiert. Zu den Fatalien rechnet er ausser den auf die Devolution der Appellation bezüglichen Fristen auch die fünfzehntägige Frist zum Beweis der exceptio spolii und die zehntägige Frist zum Beweis der exc. excommunicationis. Das Wesen der Fatalien besteht nach ihm darin, «dass sie von selbst und ohne richterliche Verfügung zu laufen beginnen, dass sie keine Prorogation zulassen, und dass mit ihrem Ablauf die innerhalb derselben vorzunehmende Handlung ipso jure ausgeschlossen ist». Er zieht also den Umstand; wer die Dauer der Frist bestimmt, überhaupt nicht als charakteristisches Merkmal des Unterschiedes heran. Er rechnet ferner mithin zu den richterlichen Fristen alle diejenigen, welche durch richterliche Verfügung in Lauf gesetzt werden, gleichviel ob ihre Dauer vom Gesetz oder vom Richter bestimmt wird;[2] ferner alle Fristen, welche erstreckbar sind, auch wenn ihre Dauer zunächst vom Gesetz bestimmt ist, und endlich alle Fristen, welche nicht den Ausschluss der Handlung «ipso jure» zur Folge haben. Bei ihm kommen also gleichzeitig für die eine Unterscheidung drei verschiedene Einteilungsprinzipien zur Geltung.

Renaud[3] dagegen nennt richterliche Fristen diejenigen, deren Dauer der Richter bestimmt, gleichviel ob seinem Ermessen gewisse Schranken vom Gesetz gesetzt sind oder nicht; gesetzliche oder Ordnungsfristen diejenigen, deren Dauer durch einen Rechtssatz bestimmt ist, und unterscheidet «unbedingte (dilat. legales absolute tales)», wenn ausserdem auch noch der Zeitpunkt des Beginnes durch einen Rechtssatz bestimmt ist, und «bedingte» oder «gemischte»

Fristen der Contumacialladungen (l. 3 § 2 Cod. de jud. 3. 1) heran. — Linde, Lehrb. § 173 nennt die ohne besonderes richterliches Dekret laufenden gesetzlichen Fristen «Notfristen», die durch besonderes richterliches Dekret in Lauf gesetzten gesetzlichen Fristen «zerstörliche oder peremtorische» Fristen, eine ganz willkürliche Benennung, welche wiederum ein anderes Unterscheidungsmoment, nämlich die Folge der Fristversäumnis mit hineinzieht, welches mit dem Unterschied der gesetzlichen und richterlichen Fristen nichts zu thun hat.

[1] System § 68 Anm. 73 ff. S. 933.

[2] Dieser Begriff ist in die Motive der Würtembergischen Prozessordnung und von da in unklarerer Fassung in die Motive der C.-P.-O. übergegangen. Vgl. unten.

[3] Lehrbuch § 85 ff.

(dil. leg. secundum quid tales), wenn sie durch eine richterliche Verfügung in Lauf gesetzt werden.[1]

Es braucht nicht hervorgehoben zu werden, dass bei dieser Musterkarte sich durchkreuzender Einteilungsgründe und Begriffsbestimmungen auch die Rechtssätze, welche von den «richterlichen» und den «gesetzlichen» Fristen aufgestellt wurden, sehr bunt aussehen.[2]

Die C.-P.-O. knüpft an die Unterscheidung richterlicher und gesetzlicher Fristen die praktisch wichtige Folge, dass jene immer, diese dagegen nicht auf einseitigen motivierten Antrag vom Richter erstreckt werden können, sofern nicht ausdrücklich Ausnahmen im Gesetz verordnet sind. Eine Definition oder auch nur eine Andeutung über die unterscheidenden Begriffsmerkmale beider Arten giebt die C.-P.-O. nicht. Was sich in der Begründung des dem Reichstage vorgelegten Entwurfs darüber findet, ist im letzten Moment mit Abschwächung aus der Begründung der würtembergischen Prozessordnung herübergenommen, und es ist daher zweckdienlich, die letztere kurz ins Auge zu fassen. Die Motive zum würtembergischen Entwurf (zu § 261, 262) sagten klar und bündig im Anschluss an eines der verschiedenen Unterscheidungsmerkmale, welche Wetzell aufgestellt hatte:

> «Zur Terminologie ist zu bemerken, dass der Unterschied zwischen gesetzlichen und richterlichen Fristen nicht in dem Bestimmungsgrunde der Dauer der Frist, sondern in dem rechtlichen Entstehungsgrunde des Laufes der Frist gesucht werden muss.
>
> Richterliche Fristen beraumt der Richter an, die Dauer der Frist mag vom Gesetz genau begrenzt oder ihre Bemessung dem richterlichen Arbitrium innerhalb gewisser Schranken überlassen sein. Gesetzliche Fristen werden nicht durch Verfügung des Richters in Lauf gesetzt, sondern ihr Beginn knüpft sich

---

[1] Im Wesentlichen ebenso Bayer, Vortr. S. 466 ff. u. Schmidt, Handbuch I S. 290.

[2] Auch die ausführliche Behandlung der Lehre bei Brakenhoeft, Erörterungen S. 497 ff. hat trotz allen Bemühens Klarheit in die Sache zu bringen nicht vermocht.

kraft Gesetzes unmittelbar an ein bestimmtes prozessualisches Ereignis».

Dieser Satz der Motive ist ein theoretischer Irrtum des betreffenden Redaktors, nicht nur allgemein wissenschaftlicher Natur, sondern auch in Bezug auf die würtembergische Prozessordnung selbst. Er steht in direktem Widerspruch zum Text derselben (und des Entwurfs). Denn im § 253 der würtembergischen C.-P.O. (§ 249 des Entwurfs) heisst es:

«Tagfahrten und richterliche Fristen sollen so angesetzt werden, dass jede Partei die erforderliche Zeit hat, sich zu den Verhandlungen gehörig vorzubereiten und die richterliche Auflage zu befolgen.»

Das Gesetz selbst versteht also unter richterlichen Fristen diejenigen, deren Dauer der Richter mit Rücksicht auf die konkrete Sachlage zu bestimmen hat, und nicht, wie der Redaktor der Motive, diejenigen, deren Dauer gesetzlich fixiert ist, falls sie nur durch richterliche Verfügung in Lauf gesetzt werden. Die angezogene Gesetzesbestimmung wäre offenbar widersinnig, wenn unter den «richterlichen Fristen» diejenigen begriffen wären, deren Dauer das Gesetz ein für allemal bestimmt hat.

Die Begründungen zum preussischen Entwurf (1864), zum norddeutschen Entwurf, und zum Entwurf einer deutschen Civilprozessordnung (1871) enthielten eine Andeutung über den Begriffsunterschied der richterlichen und gesetzlichen Fristen nicht. Erst der Redaktor der letzten, dem Reichstag vorgelegten Begründung hat es zweckmässig gefunden, seiner theoretischen Ansicht über diese Begriffe Ausdruck zu geben, und hat zu diesem Behufe den würtembergischen Motiven einige Sätze entnommen. Den ersten der oben citierten Sätze, welcher klar und bestimmt das irrtümliche Prinzip ausspricht, hat er fortgelassen, und nur den zweiten, die Konsequenzen wiedergebenden Satz abgedruckt, aber auch hier noch den ursprünglichen Ausdruck: «Richterliche Fristen beraumt der Richter an», durch den unbestimmteren ersetzt: «werden vom Richter gegeben».

Ich erwähne dies nicht, um etwa aus der sog. «Entstehungsgeschichte des Gesetzes» Schlussfolgerungen für den Sinn des letzteren zu ziehen, sondern um im Gegenteil zu zeigen, dass der zu den längst fertigen und durch mehrere Instanzen gegangenen Bestimmungen des Entwurfes (und jetzt Gesetzes) im letzten Augenblick vom Schlussredaktor der Begründung hinzugefügte Ausdruck seiner subjektiven theoretischen Auffassung, für die Auslegung des Gesetzes selbst keine Bedeutung haben kann.[1] Im vorliegenden Fall ist die Äusserung überdies auch noch in sich unklar. Denn nachdem das Einteilungsprinzip selbst, wie es die würtembergische Begründung klar aussprach, gestrichen ist, geben die Worte: «Richterliche Fristen werden vom Richter gegeben», — gesetzliche Fristen werden nicht durch «richterliche Verfügung in Lauf gesetzt», überhaupt keinen klaren Unterschied mehr. Denn das «vom Richter gegeben» kann viel eher heissen, sie werden vom Richter ihrer Dauer nach bestimmt, als: sie werden durch richterliches Dekret in Lauf gesetzt. Endlich aber würden diese Sätze — selbst wenn man das würtembergische Einteilungsprinzip darin wiederfinden könnte — dennoch bedeutungslos sein, da an anderen Stellen der Motive der Unterschied der richterlichen und gesetzlichen Fristen darin gesetzt wird, dass die Dauer bei erstern durch den Richter, bei letztern durch das Gesetz bestimmt wird. So z. B. S. 162. Es wird daselbst ausgeführt, dass die gesetzlichen Fristen für Sachen der verschiedensten Bedeutung immer von gleicher Dauer seien, und daher, wenn sie auch nach dem Massstab von Sachen mittlerer Gattung vom Gesetz bestimmt seien, doch gerade für solche Sachen nicht ausreichen, welche wegen ihrer besonderen Weitläufigkeit und Verwickelung einer besonders gründlichen Vorbereitung bedürfen. Und es wird daraus gerechtfertigt, dass die C.-P.-O. an Stelle der nach französischem und bayerischem Recht vom Gesetz gebotenen festen Fristen zur aussergerichtlichen Instruktion der Sache (jetzt sog. Einlassungs- und Ladungsfristen und die Fristen für vorbereitende Schriftsätze) richterlich zu bemessende Fristen gesetzt habe; und dass auch bei Ladungen im Ausland an Stelle der im französischen Recht gesetzlich fixierten festen Zusatzfristen (zu den sog. Einlassungs- und Ladungsfristen) richterlich zu bemessende Fristen gesetzt seien. Hier wird also der

[1] Ein ganz ähnliches Beispiel einer im letzten Moment den Motiven einverleibten unrichtigen subjektiven theoretischen Anschauung vgl. Schultze, Nebenintervention S. 44 ff., 68 ff. Andere Beispiele lassen sich leicht beibringen und sollten der Neigung, aus solchen gelegentlichen theoretischen Äusserungen des Redaktors der Motive auf den Inhalt des Gesetzes zu argumentieren, Schranken setzen.

wesentliche Unterschied der gesetzlichen und richterlichen Fristen in der gesetzlichen oder richterlichen Bestimmung der Dauer der Frist gefunden.

Endlich hat in der Reichstagskommission in Veranlassung eines von dem Abgeordneten Struckmann angeregten Zweifels, ob die sog. Einlassungs- und Ladungsfristen mit den Motiven zu den richterlichen oder aber gesetzlichen Fristen zu rechnen seien, der Regierungsvertreter noch ausdrücklich erklärt, dass jene Äusserungen der Motive lediglich dogmatischer Natur seien; die Begriffe «richterliche» und «gesetzliche» Fristen stünden nicht fest und es müsse der Doktrin überlassen bleiben, diese Begriffe und die Subsumption der einzelnen Fristen unter dieselben klar zu stellen.[1]

In der That gehen nun die Meinungen hierüber heute sehr auseinander, indem die Einen mehr die Bestimmung der Dauer durch Gesetz oder Richter,[2] die Andern mehr das den Lauf der Frist begründende Ereignis[3] zum Einteilungsgrunde machen, Andere endlich beide Unterscheidungsgründe kombinieren.[4] Dabei herrscht natürlich auch über die Subsumption der einzelnen Fristen unter diese oder jene Kategorie Uneinigkeit, und selbst unter Denjenigen, die von demselben Einteilungsgrunde ausgehen.[5]

Aus der Civilprozessordnung scheint sich mir zu ergeben, dass für jene Unterscheidung allein massgebend ist der Umstand, ob die Dauer der Frist ein für allemal durch das Gesetz oder aber ob sie für den konkreten Fall vom Richter bestimmt wird. Zunächst kommt in Betracht, dass das Wesentliche der Frist, — gewissermassen ihre Substanz — überhaupt nichts ist als Dauer, d. h. zeitliche Aus-

---

[1] Protokolle S. 75.

[2] Wilmowsky-Levy, Vorb. 4 zu § 161. — Seuffert, Vorb. das.; Hellmann, Lehrb. S. 356 u. A.; v. Canstein, Lehrb. S. 547.

[3] z. B. Struckmann-Koch, Vorb. 1 zu § 198—204 u. A.

[4] Gaupp, Anm. II zu § 198 S. 506; Planck, Lehrb. S. 507 sieht das wesentliche Unterscheidungsmerkmal darin, ob der Richter oder das Gesetz selbst die Parteien zur Thätigkeit anweist, und hält daher für eine gesetzliche Frist z. B. auch die vom Richter zu bemessende Einspruchsfrist des § 304, das. Anm. 21 u. S. 515 Anm. 86.

[5] So namentlich bezüglich der sog. Einlassungs- u. Ladungsfristen, welche, wie sich unten ergeben wird, überhaupt keine Parteifristen sind, bezüglich der Fristen für vorbereitende Schriftsätze u. mehrerer anderer.

dehnung, und es an sich nahe liegt, dass, wenn ein solcher Grundunterschied von richterlichen und gesetzlichen Fristen gemacht wird, derselbe sich eben auf dieses Wesen der Frist, d. h. auf die Bestimmung ihrer Dauer durch den Richter oder durch das Gesetz beziehen wird. Diese Annahme findet eine Bestätigung in den praktischen Rechtsfolgen, welche allein an diese Unterscheidung im Gesetz geknüpft werden: richterliche Fristen können vom Richter auf einseitigen motivierten Antrag erstreckt und verkürzt werden, gesetzliche nicht. Es scheint in der Natur der Sache zu liegen, dass der Richter auf die Dauer eines Zeitraums, welche er selbst zu bemessen hat, auch nachher noch einen Einfluss ausüben kann, wenn die Umstände, welche sein ursprüngliches Ermessen bestimmten, sich geändert haben und mithin das Resultat jenes Ermessens nachträglich als unzutreffend oder unzweckmässig erscheinen lassen; dass dem Richter dagegen ein solcher Einfluss da nicht zusteht, wo das Gesetz ein für allemal über die Dauer des Zeitraums selbst verfügt und damit den Einfluss des Richters von vorn herein ausgeschlossen hat. Würde dies m. E. schon genügen, so kommt noch hinzu, dass ein anderer Einteilungsgrund für jene Unterscheidung nach dem Gesetz sich überhaupt nicht auffinden lässt. Das gilt namentlich von dem allein noch etwa in Betracht kommenden Einteilungsgrunde je nach dem Ereignis, welches die Frist in Lauf setzt.

Wie die gemeinrechtliche Theorie dazu kam, das die Frist in Lauf setzende Ereignis für ein wesentliches Unterscheidungsmerkmal der richterlichen und gesetzlichen Fristen zu halten, ist leicht ersichtlich. Nach dem im schriftlichen Verfahren geltenden Grundsatz des Prozessbetriebes durch den Richter konnte eine der Dauer nach vom Richter bestimmte Frist niemals zu laufen beginnen ohne Verkündung oder Zustellung des betreffenden Dekrets seitens des Richters an die betreffende Partei. Und da man überhaupt gar leicht geneigt ist, eine Erscheinung, die sich regelmässig mit einer anderen verbindet, für ein wesentliches Attribut der letzteren zu halten, so kann es bei dem äusserlichen und scholastischen Geist, der die gemeinrechtliche Prozesstheorie zum Teil beherrschte, nicht auffallen, dass man in diesem Inlaufsetzen der vom Richter der Dauer nach bestimmten Fristen durch Richtersakt ein wesentliches Merkmal derselben erblicken zu dürfen glaubte. Allein schon nach gemeinem Recht war dieses Zusammentreffen nicht eine notwendige Folge der rechtlichen Natur der richterlich bemessenen Frist, sondern ein aus dem Mechanismus des richterlichen Prozessbetriebes sich ergebender zufälliger Parallelismus. Es gab auch richterlich bemessene Fristen, die nicht durch die Zustellung des Dekretes, durch den Richterakt, sondern erst durch ein späteres, in ihm bezeichnetes Ereignis in Lauf gesetzt wurden, und auf der anderen Seite gab es vom Gesetz ein für allemal bemessene Fristen, welche durch Richterdekret in Lauf gesetzt wurden. Kurz, das die Frist in Lauf setzende Ereignis war schon nach gemeinem Recht für die rechtliche Natur der Frist unerheblich. Im heutigen Recht, in welchem an Stelle des richterlichen Prozessbetriebs in weitem Umfang der Prozessbetrieb durch die Parteien getreten ist, hat selbst jener zufällige Parallelismus aufgehört. Die richterlichen Fristen werden heute durch einen Richterakt in Lauf gesetzt nur dann, wenn die betreffende Entscheidung zu verkünden oder von Amts wegen zuzustellen ist; in allen übrigen Fällen durch eine im Belieben des Gegners stehende Parteizustellung, welche auch ganz unterbleiben kann, in welchem Falle dann die vom Richter bestimmte Frist überhaupt gar nicht zu laufen beginnt. So z. B. bei der an den Gegner zu richtenden Aufforderung, binnen einer vom Richter bestimmten Frist einen neuen Anwalt zu bestellen (§ 221), ferner bei der vom Richter zu bestimmenden Notfrist für Einlegung des Einspruchs im Fall des § 304, bei den Fristen für vorbereitende Schriftsätze u. s. w. Auf der andern Seite werden wieder gesetzliche Fristen in Lauf gesetzt durch Richterakt, so z. B. durch richterliche Verkündung und beziehungsweise richterliche Zustellung die Notfrist für die sofortige Beschwerde (§ 540, vgl. § 294), durch richterliche Aufforderung die gesetzliche Frist des § 759 (unten unter A. Nr. 11), durch richterliche Benachrichtigung die gesetzliche Frist des § 641 (unten unter A. Nr. 9), durch Handlung des Gerichtschreibers die gesetzliche Frist des § 291 (unten unter A. Nr. 6) u. s. w. Selbst Fristen ein und derselben Art, wie die Notfristen, werden in Lauf gesetzt bald durch ein zufälliges Ereignis, nämlich durch erlangte Kenntnis vom Anfechtungsgrund (§ 542, 543), bald durch eine Parteizustellung (§ 542 Nr. 4, 549 Abs. 3), bald durch eine richterliche Verkündung bezw. Zustellung (§ 540, 294). Ja selbst ein und dieselbe Frist, z. B. die Notfrist für das Rechtsmittel der sofortigen

Beschwerde kann in Lauf gesetzt werden bald nur durch Richterakt, nämlich durch richterliche Zustellung, wenn die anzufechtende Entscheidung von Amtswegen zuzustellen ist (§ 294),[1] durch richterliche Verkündung in den Fällen der §§ 301 und 829; bald durch Parteizustellung, wenn die anzufechtende Entscheidung durch diese dem Gegner zuzustellen ist (§ 540).

Ich meine, dies wird genügen um darzuthun, dass der Akt oder das Ereignis, welches die Frist in Lauf setzt, für die rechtliche Natur derselben und mithin für die Begriffsbestimmung völlig unwesentlich ist.

Nach dem hier aufgestellten Begriffsmerkmal sind die in der citierten Äusserung der Motive erwähnten Fristen, deren Dauerbestimmung «dem richterlichen Arbitrium innerhalb gewisser Schranken überlassen ist», wie die Motive zutreffend annehmen, richterliche Fristen und nicht gesetzliche. Denn ihre Dauer wird in jedem Falle vom Richter bestimmt, und es ist für den Begriff der richterlichen Frist gleichgültig, ob der Richter bei der Abmessung lediglich auf die pflichtmässige Abwägung der konkreten Umstände angewiesen ist, oder ob das Gesetz es für zweckmässig erachtet hat, seinem Ermessen eine Minimal- oder eine Maximalschranke oder beides zu setzen. Die meisten Schriftsteller sind der gegenteiligen Ansicht.[2] Allein dem liegt eine Verwechselung des für den konkreten Fall vom Richter seiner Dauer nach zu bemessenden Zeitraumes mit der seinem Ermessen hierbei vom Gesetz gegebenen Minimalschranke zu Grunde. Richterliche Fristen sind daher die Anmeldefristen im Aufgebotsverfahren (§§ 827, 847), obschon das Gesetz eine Minimalschranke setzt, richterliche Frist ist die Anmeldungsfrist im Konkurse, obschon das Gesetz eine Minimal- und Maximalschranke setzt (K.-O. §§ 102, 216). Der Streit dreht sich hier hauptsächlich um die sog. Einlassungs- und Ladungsfristen, welche von den eben Angeführten für gesetzliche Fristen erklärt werden.[3] Zunächst ist zu bemerken, dass diese Zeiträume überhaupt

---

[1] Reichsgericht. Entsch. Bd. 3 S. 375.

[2] So z. B. Struckmann-Koch zu §§ 198 ff.; v. Wilmowsky-Levy, Gaupp, Seuffert, Petersen u. A.

[3] Die Frage wurde angeregt schon in der Reichstags-Commission vom

keine Parteifristen oder wenn man will «eigentliche» Fristen sind, weil sie nicht für Handlungen der Parteien gegeben, sondern vielmehr Zeiträume sind, welche dem Gegner freibleiben, innerhalb deren eine Handlung (Einlassung oder mündliche Verhandlung) nicht von ihm gefordert werden kann, und dass die allgemeinen Bestimmungen über Parteifristen daher keine Anwendung auf sie finden, zumal ihre rechtliche Natur durch besondere Bestimmungen normiert ist (§ 204).[1] Wollte man sie aber auf ihre Qualität als gesetzlicher oder richterlicher Zeiträume prüfen, so wären sie zweifellos zu den letzteren zu rechnen. Denn der Richter bestimmt durch die nähere oder entferntere Anberaumung des Termins mittelbar und annähernd die Zeit, welche dem Gegner zwischen der ordnungsmässigen Zustellung und dem Termine im konkreten Falle frei zu bleiben hat. Dass er dabei ausser den konkreten Umständen des Falles, wenigstens regelmässig (§ 204), eine vom Gesetz gegebene Minimalschranke zu beobachten hat (§§ 234, 450, 481, 517, 567, 194, 217), beeinträchtigt nicht ihren Charakter als richterlicher Zeitbestimmungen.[2] Übrigens sind diese Zeitbestimmungen keine rein richterlichen, vielmehr übt auch die Partei durch die in ihrem Belieben stehende frühere oder spätere Zustellung einen wesentlichen Einfluss auf ihre Dauer. Die gesetzlichen Minimalschranken sind daher nicht nur dem Richter, sondern wesentlich auch der Partei gegeben. Hält die Partei sie nicht ein, so hat sie zu gewärtigen, dass ihre Ladung auf Grund eines Prozesseinwandes des Gegners für unwirksam erklärt wird (§ 267).

Sollte endlich mit jener Behauptung, richterliche Fristen würden stets durch ein richterliches Dekret in Lauf gesetzt, weiter nichts gesagt sein, als dass eine richterliche Frist ohne ein richterliches Dekret überhaupt nicht existieren kann, dann ist das freilich etwas völlig selbstverständliches, denn der Richter kann die Dauer der Frist eben nur in einem Dekret bestimmen. Aber auch in diesem ganz selbstverständlichen Sinne wäre das richterliche Dekret nicht etwas

---

Abgeordneten Struckmann, ihr aber in der oben mitgeteilten ausweichenden Art vom Vertreter der Regierung begegnet. Prot. S. 75.

[1] Vgl. darüber unten III, C.

[2] So auch Planck, Lehrb. S. 507.

der richterlichen Frist eigentümliches, vielmehr giebt es auch gesetzliche Fristen, welche ohne richterliches Dekret nicht existieren und nicht laufen können. So z. B. die gesetzlich zweiwöchige Frist des § 759, die gesetzlich zweiwöchige Paritions- und Widerspruchsfrist beim Zahlbefehl § 632. Diese Fristen würden nach der Äusserung der Motive S. 161: «Richterliche Fristen werden vom Richter gegeben, die Dauer der Frist mag vom Gesetz genau begrenzt oder ihre Bemessung dem richterlichen Arbitrium innerhalb gewisser Schranken überlassen sein», und nach der Begriffsbestimmung der meisten Schriftsteller zu den richterlichen Fristen gehören und mithin vom Richter auf einseitigen Antrag abgekürzt und verlängert werden können. Sie sind aber gesetzliche Fristen, weil die Dauer unbedingt vom Gesetz bestimmt ist, und können daher vom Richter nicht auf einseitigen Antrag verkürzt oder verlängert werden.

Die C.-P.-O. hat im dritten Titel des ersten Buches eine Reihe allgemeiner Bestimmungen für die Parteifristen gegeben. Abgesehen von den Regeln über die Berechnung derselben (§§ 199, 200) ist bestimmt:

1) dass alle Parteifristen ausser den Notfristen und den Fristen in Feriensachen durch die Gerichtsferien gehemmt werden, derart, dass der noch übrige Teil der Frist mit dem Ende der Gerichtsferien zu laufen beginnt (§ 201). Den Notfristen stehen in dieser Beziehung gleich die absoluten Schranken für gewisse Parteihandlungen, vgl. unten A. Nr. 3.

2) Alle Parteifristen mit Ausnahme der Notfristen und der oben erwähnten absoluten Zeitschranken können durch Vereinbarung der Parteien verlängert und abgekürzt werden.

3) Richterliche Fristen können auf einseitigen Antrag, wenn wesentliche Gründe dafür glaubhaft gemacht werden, abgekürzt oder verlängert werden. Gesetzliche Fristen nur, wo dies ausdrücklich vom Gesetz zugelassen ist, §§ 202, 203.

Wollte man das Wort «Frist» hier in dem nach dem sorglosen Sprachgebrauch des Gesetzes möglichen weitesten Sinne nehmen und einer reinen Wortinterpretation huldigen, so würde man diese Bestimmungen auf alle in der C.-P.-O. erwähnten Zeiträume beziehen können. Das verbietet sich aber von selbst dadurch, dass die meisten Zeiträume, die nicht Parteifristen sind, sowohl ihrer Natur als den betreffenden Gesetzesworten nach die Anwendung jener Bestimmungen nicht gestatten. Das gilt selbst von derartigen Zeiträumen, auch wenn sie vom Gesetz ausdrücklich «Fristen» genannt werden, so z. B. von den die materielle Voraussetzung eines Ausschlussurteils bildenden Zeiträumen (§§ 843—846, vgl. unten unter B.) u. A.

Ausserdem aber ergiebt der Zusammenhang, in welchem in diesem Titel das Termins- und Fristenwesen geregelt wird, dass es sich dabei lediglich um den Einfluss desselben auf die Stellung und die prozessualen Befugnisse der Parteien handelt.[1] Endlich zeigt die ausführliche Abhandlung in den Motiven S. 161—164, dass die Redaktoren bei diesen Bestimmungen nur an die Parteifristen gedacht haben, was auch dem Begriff und der Art der Behandlung der «Fristen» in der gemeinrechtlichen Wissenschaft durchaus entspricht.[2] Beziehen sich hiernach diese allgemeinen Bestimmungen zunächst nur auf die Parteifristen, so schliesst das ja allerdings nicht aus, dass dieselben auf andere Zeiträume, soweit es deren Charakter etwa vereinzelt gestattet, analog angewendet werden können. Das wird z. B. gelegentlich der Fall sein können mit den Bestimmungen über die Berechnung, da diese überhaupt weniger juristischer Natur sind, als vielmehr das natürliche Ereignis des Zeitablaufs betreffen. Auf der andern Seite sind diese Bestimmungen aber auf einen Teil der Parteifristen selbst der Natur derselben nach unanwendbar. So können z. B. die Bestimmungen über die Berechnung auf alle diejenigen Parteifristen nicht angewendet werden, welche mit einem festen Termin enden, wie die Anmeldefristen im Aufgebotsverfahren, die Fristen zur Sicherheitsleistung (§ 104), zur Nachweisung der Legitimation (§§ 54, 55), falls der Richter sie auf den nächstanberaumten Verhandlungstermin bemessen hat. Ebensowenig können auf diese Fristen wenigstens direkt Anwendung finden die Bestimmungen über Hemmung. Allein deshalb diese Fristen nicht für «echte» Fristen gelten lassen zu wollen,[3] ist nicht angängig, weil der Begriff derselben nur nach der wesentlichen Zweckbestimmung des betreffenden Zeitraums, nicht nach der zu-

[1] So auch Eccius in Rassow-Küntzel's Beitr. Bd. 23 S. 739.
[2] Vgl. oben S. 11.
Schwalbach a. a. O.

fälligen Anwendbarkeit dieser oder jener Einzelnorm auf ihn bestimmt werden kann.

Auf der anderen Seite hat man aus der Stellung dieses Titels in dem dritten Teil des ersten Buches, welcher «Verfahren» überschrieben ist, folgern wollen, dass die Bestimmungen sich nur auf Fristen «innerhalb eines anhängigen Verfahrens» beziehen, und aus diesem Grunde z. B. ihre Anwendbarkeit auf die absoluten fünf- und zehnjährigen Zeitschranken (§ 549) ausschliessen wollen.[1] Allein die immerhin vielfach recht laxe Anordnung der C.-P.-O. scheint mir Schlüsse von solcher Tragweite lediglich aus ihr nicht zu gestatten. Zudem steht jener dritte Abschnitt vom «Verfahren» aber auch im ersten Buch, welches «Allgemeine Vorschriften» giebt und der Abschnitt vom «Verfahren» wird also anzuwenden sein, wo immer ein Prozessverfahren in Rede steht, ohne Rücksicht auf die Zeitgrenzen der Rechtshängigkeit. Auch ein Teil der Notfristen (§ 542, 543) und anderer gesetzlicher Fristen (für die Wiedereinsetzung in den vorigen Stand § 212; ferner 605 u. A.) fällt ja ausserhalb der Rechtshängigkeit, und doch wird die Anwendbarkeit jener allgemeinen Bestimmungen auf sie, soweit sie nicht durch besondere Bestimmungen modifiziert ist, nicht bestritten. Dass jene fünf- und zehnjährigen Fristen nicht gehemmt und unterbrochen werden können, folgt m. E. aus dem Wortlaut der betreffenden Bestimmungen, welche eine absolute nur nach dem Kalender zu berechnende Zeitschranke setzen wollen.

Endlich findet sich eine allgemeine Bestimmung über die Parteifristen noch in dem Titel über die Unterbrechung und Aussetzung des Verfahrens im § 226:

> «die Unterbrechung und Aussetzung des Verfahrens hat die Wirkung, dass der Lauf einer jeden Frist aufhört und nach Beendigung der Unterbrechung oder Aussetzung die volle Frist von neuem zu laufen beginnt».

Dass auch hier die Prozessordnung nur den Einfluss der Unterbrechung des Verfahrens auf die Stellung und Befugnisse der Parteien im Auge hat, ergiebt der Zusammenhang der Bestimmungen.

Ferner aber scheint mir der Wortlaut der Gesetzesbestimmung

---

[1] Eccius a. a. O.; v. Wilmowski-Levy, zu § 549 Anm. 5.

zu ergeben, dass nur diejenigen Fristen von ihr betroffen werden, welche innerhalb eines anhängigen Verfahrens laufen. Die Unterbrechung des Fristenlaufes ist ausdrücklich nur als eine sekundäre Wirkung der Unterbrechung und Aussetzung des Verfahrens angeordnet. Ein Verfahren aber kann nur unterbrochen werden, wenn und so lange es anhängig ist (§ 162) d. h. von der Klagerhebung (§§ 235, 254) bis zur formellen Rechtskraft des Urteils und bei Urteilen letzter Instanz bis zur Zustellung desselben.[1] Es scheint sich mir hieraus zu ergeben, dass von der Unterbrechung nicht betroffen werden können diejenigen Parteifristen, welche ausserhalb eines anhängigen Verfahrens laufen, sei es erst nach Beendigung eines solchen oder ohne dass überhaupt ein Verfahren jemals anhängig gewesen ist. Nicht betroffen von einer Unterbrechung des Verfahrens würden also die Notfristen für die Restitutions- und Nichtigkeitsklage (§ 549), für die Anfechtungsklage gegen ein Ausschlussurteil (§ 835) und für die Klage auf Authebung eines Schiedsspruchs (§ 869); denn in den ersteren Fällen kann die Notfrist erst beginnen nach Beendigung eines Verfahrens, und im letzteren hat vor Beginn der Notfrist ein Verfahren überhaupt nicht existiert. Von den übrigen gesetzlichen Fristen werden durch jene Bestimmung nicht betroffen: diejenige zur Wiedereinsetzung in den vorigen Stand, sofern (§ 212) sie ausserhalb eines anhängigen Verfahrens liegt, und nicht die erwähnten absoluten Zeitschranken, welche letztere übrigens schon nach dem Wortlaut der betreffenden Gesetzesbestimmungen absolute, lediglich nach dem Kalender zu berechnende Fristen sind. Für diese letzteren Fristen wird die Konsequenz aus § 226 auch gezogen, von den in der vorigen Note angeführten Schriftstellern, dagegen finde ich nicht, dass sie auch für die übrigen genannten besonders die Notfristen gezogen wird. Vielmehr scheint man stillschweigend das Gegenteil anzunehmen. Allein selbständige Unterbrechungsgründe für Fristen, auch Notfristen, giebt das Gesetz nicht, und es scheint mir mindestens sehr zweifelhaft, ob eine analoge Anwendung der Gründe, welche ein Verfahren unterbrechen, auf die ausserhalb eines Verfahrens liegenden Fristen als solche zulässig wäre; zumal die Unterbrechung der Fristen durch Unterbrechung des Verfahrens nur so lange dauert als die letztere

[1] So auch Eccius a. a. O., v. Wilmowski-Levy, Struckmann-Koch u. A. in den Vorb. zu § 217.

d. h. bis zur Aufnahme des Verfahrens (§ 227), hier aber die Aufnahme eines nicht existierenden bez. niemals existent gewesenen Verfahrens nicht erfolgen, also auch der Beginn einer neuen Notfrist (§ 226 Abs. 1) nicht herbeigeführt werden kann.

Trotzdem würde übrigens der Eintritt derjenigen Thatsachen, die das Verfahren unterbrechen, nicht einflusslos auf die ausserhalb des Verfahrens liegenden Notfristen sein, denn sie würden, soweit sie nach § 211 als Restitutionsgründe in Betracht kommen können, den Grund für eine Wiedereinsetzung in den vorigen Stand gegen den Ablauf der Notfrist abgeben. Das würde z. B. der Fall sein, wenn der Tod der Partei (§ 217), der Tod oder sonstige Wegfall des gesetzlichen Vertreters, Prozessunfähigkeit (§ 219), Justitium (§ 222) und sogar einer der Aussetzungsgründe (§ 224) das Hindernis gewesen wäre für den Nichteinhalt der bereits begonnenen Notfrist. Auf diese Weise würde also hier formell[1] derselbe Zustand bestehen, welcher im früheren gemeinen Recht für Fälle der heutigen Unterbrechung des Verfahrens überhaupt bestand. Ist doch eben diese Unterbrechung nichts weiter als die Verwirklichung der gemeinrechtlichen Restitutionsidee in anderer juristischer Form, indem hier heute Handlungen und Versäumnisse unter gewissen Umständen von vorn herein für rechtsunwirksam erklärt werden, welche man nach früherer Anschauung nur nachträglich auf scheinbar ausserordentlichem Wege durch restitutio in integrum unschädlich machen zu können glaubte.[2]

---

[1] Materiell ging das gemeine Recht in seinen Restitutionsgründen bekanntlich viel weiter.

[2] Dieselbe Entwicklung ursprünglicher Restitutionsfälle lässt sich auch auf anderen Rechtsgebieten und schon innerhalb der römischen Rechtsentwicklung beobachten. Die restitutio in int. war in alter Zeit in der That eine Hülfe des Magistrats aus eigner Machtvollkommenheit gegen durch das strenge Recht erlittene Nachteile. Mit dem Schwinden der Machtvollkommenheit der Magistrate und ihrer Unterwerfung unter das Gesetz, bestimmt dann das Gesetz die Thatbestände, welche eine Handlung oder Versäumnis unschädlich erscheinen lassen; die restitutio in integr. ist nicht mehr eine Hülfe des Richters aus eigner Machtvollkommenheit, sondern nur noch eine besondere Form der Verwirklichung des Gesetzes. In den meisten Fällen (wo die Thatbestände sich bestimmt bezeichnen lassen) kann dann diese Form der restitutio umgangen und der Gesetzeswille ohne sie verwirklicht werden. Das römische Recht bietet mehrfach Beispiele dieser

Endlich ist hier noch eine andere Einteilung der Fristen zu erwähnen, welche sich nicht sowohl auf die Natur derselben an sich, als vielmehr auf die Folgen ihrer Versäumung bezieht, nämlich nach der gemeinrechtlichen Sprache die Einteilung in peremptorische und nicht peremptorische oder dilatorische, monitorische Fristen. Auch diese Einteilung wird in der gemeinrechtlichen Theorie in sehr verschiedenem Sinne genommen.

In den römischen Quellen kommt das Adjektiv monitorius m. W. überhaupt nicht, und peremptorius nicht in Verbindung mit einer Frist vor, sondern wird nur gebraucht:

1) von dem edictum, auf welches hin im späteren Prozess gegen den Säumigen in der Sache selbst verfahren und geurteilt werden kann, welches regelmässig das vierte ist,[1] jedoch auch das dritte, zweite und selbst das erste (quo appellatur unum pro omnibus l. 72 D. de jud.) sein kann;[2]

2) von der except. peremptoria im Gegensatz zur dilatoria.[3]

Ulpian definiert das Wort in erster Beziehung[4] dahin: quod inde hoc nomen sumpsit, quod perimeret disceptationem, hoc est ultra non pateretur adversarium tergiversari. Die Definition passt auf das Wort auch im zweiten Zusammenhange insofern, als eine exc. peremtor. deren Thatbestand festgestellt ist, allem Streit ein Ende macht.

Die gemeinrechtliche Theorie hat die Bezeichnung peremptorisch auch auf Fristen angewandt und setzt ihnen die dilatorischen Fristen gegenüber. Die meisten gemeinrechtlichen Schriftsteller verstehen unter peremptorischen Fristen diejenigen, deren Ablauf den Säumigen mit der innerhalb derselben vorzunehmenden Handlung

---

Entwicklung. Im Justinianischen und von vorn herein im modernen Gesetzesrecht war die in int. rest. niemals etwas anderes als eine besondere Form der Gesetzesanwendung.

[1] l. 68—70 D. de jud. 5, 1.

[2] vgl. Paul. rec. sent. V. 5. § 7; l. 68, 70. 71, 73. D. cit. — ferner: l. 53, 54 D. de re jud. 42, 1; l. 2 u. l. 9 Cod. quom. et quando 7, 43; l. 1 § 2 D. quae sent. 49, 8; l. 23 §. ult. D. de app. 49, 1; l. 59 § ult. D. de re jud. 42, 1.

[3] Gaj. IV. 121 l. 2. §. ult. l. 3. D. de except. 44, 1. § 9 Inst. de exc. 4, 13 u. A.

[4] l. 70 D. de jud. 5, 1.

ausschliesst,[1] doch ist die Bezeichnung nicht ganz constant. Insbesondere versteht Wetzell unter peremptorischen Auflagen (er gebraucht die Bezeichnung nicht für die Fristen sondern wie das römische Recht vom richterlichen Dekret) «diejenigen Auflagen, deren Nichtbeachtung mit einem Rechtsnachtheil bedroht ist,» und rechnet zu diesen Rechtsnachteilen insbesondere z. B. auch die Verurteilung des Beklagten in die Kosten der bei Einleitung des Verfahrens wiederholt angesetzten Termine.[2] Er rechnet also die erste Ladung zur Klagebeantwortung, deren Versäumung nach gemeinem Recht nicht den Ausschluss derselben zur Folge hatte, zu den «peremptorischen» Auflagen im Gegensatz zur gemeinen Meinung, welche das wesentliche der peremptorischen Zeitbestimmung eben in dem Ausschluss mit der fraglichen Prozesshandlung sieht.[3]

Linde endlich gebraucht den Ausdruck willkürlich, zur Bezeichnung der gesetzlichen durch Richterdekret im Lauf gesetzten Fristen. (vgl. oben S. 20 Anm.)

Für uns ist der Ausschluss der fraglichen Prozesshandlung durch Ablauf der Frist das Wesentliche. Die besonderen ausserdem noch durch Versäumung einer Frist etwa entstehenden Rechtsnachteile (z. B. sog. Annahme des Zugeständnisses, der Eidesweigerung, des Urkundenanerkenntnisses etc.) sind in den einzelnen Fällen verschieden und lassen sich nicht unter allgemeine Gesichtspunkte bringen. Wir können für jene Wirkung ganz gut das unzweideutige deutsche Wort «ausschliessend» gebrauchen, zumal die Reichsgesetzgebung selbst gewisse Fristen dieser Art technisch «Ausschlussfristen» nennt. (K. O. §§ 140—143. 145 ff. 149.)

Ich verstehe also unter ausschliessenden Fristen diejenigen, an deren Ablauf das Gesetz den Ausschluss mit der fraglichen Prozess-

---

[1] So z. B. Gensler, a. a. O. S. 194; Brakenhöft, Erörterungen S. 497; Bayer, Vortr. S. 468; Schmidt, Handbuch I S. 293 u. 294 und Renaud, Lehrb. § 85, der hinzufügt, dass der Ablauf der peremptorischen Frist ausserdem auch noch andere Rechtsnachteile nach sich ziehen kann.

[2] Wetzell, System § 49 Note 6a. S. 608.

[3] In dieser Allgemeinheit genommen verliert die Bezeichnung überhaupt ihre systematische Bedeutung, denn Auflagen, deren Nichtbefolgung nicht einmal die Pflicht zur Tragung resp. zum Ersatz der durch die Versäumung etwa verursachten Kosten zur Folge hat, gab es im gemeinr. Verfahren kaum.

handlung knüpft und zwar, wie zu betonen ist, in der Art, dass durch Ablauf der Frist selbst, also durch den Eintritt ihres Endpunktes dieser Ausschluss erfolgt und nicht etwa erst durch ein späteres Ereignis (z. B. durch das Endc der nach Ablauf der Frist erfolgenden mündlichen Verhandlung oder erst durch die demnächst ergehende Entscheidung).

An anderem Ort sollen einige Bemerkungen über die Folgen der Fristversäumnis gemacht werden. Ich will gleich hier bemerken, dass trotz der in § 208 allgemein gegebenen Bestimmung:

> «Die Versäumung einer Prozesshandlung hat zur allgemeinen Folge, dass die Partei mit der vorzunehmenden Prozesshandlung ausgeschlossen wird.»

nur ein geringer Teil der heutigen Prozesssfristen ausschliessend ist, namentlich die Notfristen und einige andere; während bei den übrigen der Ausschluss der fraglichen Handlung erst an ein späteres Ereignis geknüpft, eine wirkungsvolle Vornahme der Prozesshandlung also auch nach Ablauf der Frist möglich ist. Um spätere Wiederholungen zu vermeiden, werde ich bei jeder einzelnen Frist angeben, ob sie ausschliessend ist oder nicht.

Ich gehe nunmehr zur Betrachtung der einzelnen Parteifristen über.

A. GESETZLICHE PARTEIFRISTEN.

1) Unter den gesetzlichen Fristen sind die praktisch wichtigsten die Notfristen, sämtlich Präklusiv-Fristen für die Anfechtung einer richterlichen Entscheidung, nämlich die Fristen zur Einlegung des Einspruchs (§ 304), der Berufung (§ 477), der Revision (§ 514), der sofortigen Beschwerde (§ 540), zur Erhebung der Restitutions- und Nichtigkeitsklage (§ 549), der Anfechtungsklage gegen das Ausschlussurteil (§ 835), und der Anfechtungsklage gegen einen Schiedsspruch (§ 870). Nur in einem Falle ist die Notfrist eine richterliche: die Einspruchsfrist gegen ein im Ausland oder öffentlich zuzustellendes Versäumnisurteil hat der Richter unter Berücksichtigung der Umstände des konkreten Falles zu bemessen (§ 304); weil eine richterliche Frist, ist sie vom Richter auch auf einseitigen motivierten Antrag erstreckbar (§ 202).

Die Notfristen für Einspruch und Rechtsmittel und die Nichtigkeitsklage im Falle des § 542 No. 4 laufen von der Zustellung der Entscheidung an, mit Ausnahme der für die sofortige Beschwerde in den Fällen der §§ 301 und 829, in welchen sie mit der Verkündigung ihren Lauf beginnt. Für die übrigen Fälle der Wiederaufnahme sowie für die Anfechtung des Schiedsspruchs läuft sie von der Kenntnis des Anfechtungsgrundes, jedoch nicht vor eingetretener Rechtskraft des Urteils bezw. des Vollstreckungsurteils beim Schiedsspruch; für die Anfechtung des Ausschlussurteils von dem Tage der Kenntnis des Urteils, in den Fällen des § 834 No. 4 und 6 vom Tage der Kenntnis des Anfechtungsgrundes. (§ 835.)

Die charakteristischen Eigenschaften der Notfristen sind:

a. sie sind ausschliessend;

b. sie werden durch die Gerichtsferien nicht gehemmt (§ 201 Abs. 2);

c. sie können weder vom Richter (mit Ausnahme der richterlichen Notfrist des § 304) noch durch Parteivereinbarung verkürzt oder verlängert werden (§ 202 Abs. 1 und 2);

d. nur gegen die Notfristen giebt es eine Wiedereinsetzung in den vorigen Stand im technischen Sinn. (§ 211.)

Dagegen werden auch sie durch Unterbrechung des Verfahrens, sofern sie innerhalb eines solchen liegen, unterbrochen (vgl. oben S. 31).

Aus dem Recht der Notfristen sind hier noch zwei lebhaft ventilirte, praktisch nicht unwichtige Streitfragen zu erwähnen.

a. Kann der Einspruch wirksam schon nach der Verkündung also vor und ohne Zustellung des Versäumnisurteils erhoben werden, oder erst nach der Zustellung.[1]

---

[1] Für die letztere (strengere) Alternative ausführlich Wach in Rassow-Küntzel's Beiträgen Bd. 25 S. 257 ff. u. 801; Deutschmann, das. Bd. 26 S. 64; v. Wilmowski-Levy, Comm. zu § 304 (3. Aufl.); Gaupp, v. Sarwey, Puchelt, Endemann, Siebenhaar, Kleiner in ihren Commentaren zu § 304. Für erstere: Fitting, Civ.-Proz. § 63 Anm. 34; Struckmann-Koch, Petersen, Seuffert, Hellmann, A. Förster in ihren Comm. zu § 304; Hellmann, Lehrb. S. 643; Francke in Bödikers Magazin II S. 210 u. A. und grundsätzlich das Reichs-Gericht, Entsch., Bd. 3 S. 408, Bd. 9 S. 420.

Vorweg mag bemerkt werden, dass die erstere Alternative in sofern die praktischere ist, als dann die Ausfertigung und Zustellung eines durch die Einspruchserklärung selbst hinfällig werdenden und für das fernere Verfahren bedeutungslosen Aktes, und mithin unnötige Kosten und Mühe erspart werden. Eine Gefahr der Unsicherheit etwa dahin, dass der Säumige den vor Zustellung erhobenen Einspruch zurücknehmen und demnächst nach erfolgter Zustellung des Urteils von neuem Einspruch erheben könnte, besteht nicht, da Zurücknahme des gültig eingelegten Einspruchs Verzicht auf denselben ist.[1]

Bei der juristischen Entscheidung der Frage pflegt man sich für die erstere Ansicht vor Allem auf ein arg. a contrario aus den §§ 477 Abs. 2 und 514 zu berufen, durch welche für die Berufung und Revision ausdrücklich bestimmt ist, dass ihre Einlegung vor der Zustellung wirkungslos sei. Andere dagegen wollen gerade aus diesen Vorschriften durch Analogie dasselbe für den Einspruch folgern.

Auf diesem lediglich formalen Wege kommt man nicht zum Ziel. Vielmehr sind vor allem die auf den Einspruch selbst bezüglichen Gesetzesstellen zu berücksichtigen. Hier kommt nun zunächst in Betracht der allgemeine Grundsatz der C.-P.-O., dass alle verkündeten Entscheidungen (Urteile, Zwischenurteile, Beschlüsse, prozessleitende Anordnungen) durch die Verkündung selbst in Wirksamkeit treten, ohne dass es noch einer Zustellung derselben bedarf, dass namentlich das Verfahren auf Grund der verkündeten Entscheidung ohne vorherherige Zustellung derselben fortgesetzt werden kann (§§ 283 und 294 und die Motive dazu). Bekanntlich unterscheidet die C.-P.-O. sich durch diesen Grundsatz vorteilhaft vom französischen Recht, welches durch die überall nötige Ausfertigung und Zustellung unnötige Verzögerungen und Kosten verursachte und eine wirksame Fortleitung des Verfahrens durch den Richter (namentlich auch im

---

[1] So mit Recht Reichs-Gericht, Entsch. Bd. 9 S. 420 ff. Zurücknahme einer vor der Zustellung des Urteils eingelegten Berufung dagegen ist nicht Verzicht auf die Berufung, weil die Einlegung derselben wegen der besonderen Vorschrift des § 477 Abs. 2 keine Berufung sondern ein wirkungsloser Scheinakt war.

Beweisverfahren) lahm legte. Für Urteile ist dieser Grundsatz ausgesprochen im § 283 Abs. 2:

> «Die Befugnis einer Partei, auf Grund des verkündeten Urteils das Verfahren fortzusetzen oder von dem Urteile in anderer Weise Gebrauch zu machen, ist von der Zustellung an den Gegner nicht abhängig, soweit nicht dieses Gesetz ein Anderes bestimmt.»

Die hier angedeuteten Ausnahmen sind: einmal, dass die Zwangsvollstreckung aus dem Urteil nicht ohne Zustellung desselben betrieben werden kann (§ 671), und dass in den meisten Fällen[1] die Präklusion der zulässigen Rechts- oder sonstigen Anfechtungsmittel nicht ohne vorherige Zustellung des Urteils eintreten kann, d. h. dass die ihre Einlegung präkludierende Notfrist erst von der Zustellung ihren Anfang nimmt. (§§ 304, 477, 514, 540). Die Frage ob das Verfahren durch Einlegung des Einspruchs eines Rechtsmittels, oder durch anderen Akt auf Grund des verkündeten Urteils fortgesetzt werden kann, hat mit der eben erwähnten Frage, von welchem Moment an die diesen Akt präkludierende Ausschlussfrist zu berechnen ist, nichts zu thun, ist also nach § 283 zu bejahen, sofern nicht eine besondere gesetzliche Vorschrift ein Anderes bestimmt.

Das ist nun für den Einspruch nicht der Fall.

Über die Zulässigkeit des Einspruchs bestimmt nämlich der § 303:

> «der Partei, gegen welche ein Versäumnisurteil erlassen ist, steht gegen dasselbe der Einspruch zu.»

«Erlassen» ist nach dem feststehenden Sprachgebrauch der C.-P.-O. eine richterliche Entscheidung in dem Moment, in welchem sie ins äussere Leben getreten ist. Insbesondere sind die Urteile und alle in mündlicher Verhandlung verkündeten sonstigen Entscheidungen «erlassen», sobald sie verkündet sind. (§§ 295, 300, 301, 302, 308, 309, 829, 843, 844, 860, 863, 864, 868, 869, 272, 273, 640; vom Beweisbeschluss: §§ 339, 398). Schriftliche Entscheidungen sind «erlassen», wenn sie schriftlich abgefasst und der be-

---

[1] Anders z. B. bei der sofortigen Beschwerde in den Fällen der §§ 301 und 829 Abs. 3, (§ 540 Abs. 2); bei der Anfechtung des Ausschlussurteils § 835, bei der Anfechtung des Entmündigungsbeschlusses § 605 Abs. 3.

treffenden Partei zum Gebrauch ausgehändigt sind (so beim Zahlbefehl: §§ 628, 629, 631, 641, 642, 643; bei einstweiligen Anordnungen: §§ 668, 689 u. s. w.).

Dem hiernach gegen das erlassene d. h. verkündete Versäumnisurteil zulässigen Einspruch ist nun aber, wie allen Anfechtungsmitteln, eine äusserste Zeitgrenze gestellt, welche nur in Form einer Notfrist berechnet werden kann von dem Moment an, in welchem der Säumige eine sichere, durch Zustellung beweisbare Kenntnis von dem erlassenen Urteil erlangt hat, und welche der folgende § 304 bestimmt:

> «die Einspruchsfrist beträgt zwei Wochen; sie ist eine Notfrist und beginnt mit der Zustellung des Versäumnisurteils».

Da Präklusivfristen für Parteihandlungen ihrem Wesen nach nicht den Zweck haben, einen terminus a quo, sondern vielmehr den, einen terminus ad quem der Zulässigkeit zu bestimmen, so ergeben die vorstehenden Gesetzesbestimmungen in Übereinstimmung mit jenem allgemeinen Satz des § 283 Abs. 2, dass der Einspruch gegen das Versäumnisurteil zulässig ist, sobald dasselbe erlassen d. h. verkündet ist, aber durch eine, erst von der Zustellung des Urteils an zu berechnende Notfrist präkludiert wird.

Dieses Ergebnis aus den die Zulässigkeit des Einspruchs unmittelbar regelnden Gesetzesstellen wird bestärkt dadurch, dass über den Anfangspunkt der Zulässigkeit der Berufung und Revision ausdrücklich besondere von dem allgemeinen Grundsatz des § 283 Abs. 2 abweichende, durch die besondere Natur dieser Rechtsmittel gerechtfertigte Bestimmungen gegeben sind. Die §§ 477, 514 bestimmen: «die Einlegung vor der Zustellung (des Urteils) ist wirkungslos». Die Motive zu § 477 (§ 457 des Entw.) S. 301 begründen diese besondere Vorschrift sehr eingehend aus der zweiseitigen Natur dieser Rechtsmittel: nach dem Vorbild des früheren gemeinen Rechts und anderer Prozessordnungen die Präklusivfrist für diese Rechtsmittel mit der Verkündung des Urteils beginnen zu lassen, sei unzweckmässig, weil die Parteien in der Lage sein müssten, die ihnen schriftlich vorliegenden Entscheidungsgründe eingehend zu prüfen, bevor sie sich zur Einlegung des Rechtsmittels entschliessen. Das französische Signifikationssystem, nach welchem die Präklusivfrist zwar mit der Zustellung, aber für jede Partei erst mit der Zustellung an sie selbst, also für beide Parteien eine verschiedene Präklusivfrist zu laufen beginnt, empfehle sich nicht, weil durch den ungleichen Ablauf der Fristen die einheitliche Verhandlung beiderseits eingelegter Berufungen erschwert und ganz ausgeschlossen werde. Um diesen Übelstand zu vermeiden sei der belgische Entwurf zum Verkündungssystem zurückgekehrt. Allen diesen Inkonvenienzen begegne der Entwurf durch die doppelte Bestimmung:

1) dass die Präklusivfrist für Berufung und Revision für beide Parteien mit einer Zustellung ihren Lauf beginne (§ 198 Abs. 2);
2) dass die Berufung und Revision vor der Zustellung des Urteils wirkungslos sei. Hierdurch erreiche der Entwurf die Einheit der Frist für beide Parteien, sowie die einheitliche Verhandlung in der Berufungsinstanz, ohne die Vorteile der Berechnung der Frist von der Zustellung an aufzugeben.

Diese besonderen aus der Zweiseitigkeit der Berufung und Revision entnommenen Gründe für die Unzulässigkeit der Berufung vor der Zustellung des Urteils treffen bei dem einseitigen Einspruch nicht zu, und es ist also ausreichend erklärt, warum es für diesen bei dem allgemeinen Grundsatz des § 283 verblieben ist, dass das Verfahren auf Grund des «erlassenen», d. h. verkündeten Urteils fortgesetzt werden kann.

Dass dagegen die Präklusivfrist auch für den Einspruch erst von der Zustellung des Versäumnisurteils an berechnet werden kann, hat einen noch weit triftigeren Grund als bei der Berufung. Denn bei der Präklusion des Einspruchs kommt es zwar nicht darauf an, dass die Partei zuvor eingehende Kenntnis von den Entscheidungsgründen nehmen könne, welche beim Versäumnisurteil ja formaler Natur sind, aber vor allem darauf, dass sie überhaupt von der in ihrer Abwesenheit und oft ohne ihr Wissen erlassenen Entscheidung eine sichere Kenntnis erlange, bevor sie mit dem Anfechtungsmittel präkludiert werden kann.

Dieser unzweideutigen Lage des Gesetzestextes gegenüber beruft sich Wach für seine gegenteilige Behauptung zunächst auf einige Gesetzesstellen, in welchen gelegentlich auf die Einspruchs- und Rechtsmittelfristen Bezug genommen wird. Nämlich auf § 306, in welchem es dem Gericht zur Pflicht gemacht wird, die Voraussetzungen des Einspruchs von Amtswegen zu prüfen, nämlich: «ob der Einspruch an sich statthaft und ob er in der gesetzlichen Form und Frist eingelegt ist»; und auf den die Voraussetzungen der Zwangsvollstreckung im allgemeinen normierenden § 645, in welchem es heisst: «die Rechtskraft der Urteile tritt vor Ablauf der für die Einlegung des zulässigen Rechtsmittels oder des zulässigen Einspruchs bestimmten Frist nicht ein». Aus den hier gebrauchten Worten: «in» und «für» will er den Rechtssatz ableiten, dass der Einspruch eben nur «in» der bereits begonnenen Notfrist, also nicht vor Beginn derselben, d. h. nicht vor Zustellung des Urteils eingelegt werden kann. Auf das «in» im § 306 will er allerdings weniger Gewicht legen, weil dieses Wort auch im § 552 bei gelegentlicher Erwähnung der Fristen für die Wiederaufnahme gebraucht werde, und doch feststehe, dass die Nichtigkeitsklage im Fall des § 542 Nr. 4 auch vor Beginn der Notfrist erhoben werden könne, das Wort «in» in der C.-P.-O. also nicht notwendig «nicht vor» bedeute. (S. 262; anders freilich wieder S. 271: «es bleibt bei dem «in»). Desto mehr Gewicht legt er auf das «für» im § 645; hierdurch sei die «juristische Gleichstellung» der Einspruchsfrist und der Rechtsmittelfristen deutlich ausgesprochen (S. 270). Allein beiden Stellen liegt die Absicht fern, die Grenzen für die Zulässigkeit des Einspruchs zu normieren. Die erste will nur sagen, dass der Richter ausser den anderen Voraussetzungen des Einspruchs auch zu prüfen hat, ob er rechtzeitig eingelegt ist; und die zweite, dass Urteile vor Ablauf der Einspruchs- und Rechtsmittelfristen nicht rechtskräftig werden.

Die Normativbestimmungen darüber, von wann an und bis zu welchem Zeitpunkt Einspruch und Rechtsmittel zulässig sind, giebt das Gesetz in den §§ 283, 303, 304, 477, 514.

Nicht anders steht es mit dem nachträglich von Wach entdeckten § 217,[1] in welchem er nunmehr «einen direkten und vollen Beweis» seiner Ansicht findet. Der § 217 handelt von der Aufnahme (nicht «Wiederaufnahme») des Verfahrens gegen die Erben der verstorbenen Partei und verordnet im Schlusssatz:

«Erscheinen die Rechtsnachfolger nicht, so ist auf Antrag die

---

[1] Wach in Rassow-Küntzel's Beitr. Bd. 25 S. 801 f.

behauptete Rechtsnachfolge als zugestanden anzunehmen und von dem Gericht durch Versäumnisurteil auszusprechen, dass das Verfahren von den Rechtsnachfolgern aufgenommen sei. Eine Verhandlung zur Hauptsache ist erst nach Ablauf der Einspruchsfrist und, wenn innerhalb derselben Einspruch eingelegt ist, erst nach dessen Erledigung statthaft».

Hier soll das Wort «innerhalb derselben» beweisen, dass der Einspruch nicht vor Beginn der Notfrist eingelegt werden kann. Allein das «innerhalb derselben» bedeutet nichts, als: vor Ablauf derselben, was sich unmittelbar nach dem voraufgehenden «nach Ablauf» schlecht gemacht hätte. Auch hier liegt es dem Gesetz durchaus fern, die Anfangs- und Endgrenzen des Einspruchs normieren zu wollen.[1] Es erinnert an die alte scholastische Methode, wenn aus solchen gelegentlich gebrauchten Wörtchen «in» und «für» und noch dazu gegen den wohlbegründeten Sprachgebrauch — Rechtssätze abgeleitet werden sollen, welche mit den an der sedes materiae gegebenen in direkten Widerspruch treten. Die Wissenschaft des heutigen Prozessrechts hat sich vor formalistischer Behandlungsweise recht in Acht zu nehmen.

Ferner sucht Wach aus einigen gelegentlichen Äusserungen der Motive herauszudeuten, dass den Redaktoren hier der Beginn der Präklusivfrist als der Beginn der Zulässigkeit des Einspruchs vorgeschwebt habe. Abgesehen von der Bedenklichkeit solcher Argumentation aus gelegentlichen Äusserungen der Redaktoren an sich rechtfertigen die in Bezug genommenen Stellen aber keineswegs jenen Schluss. So soll zunächst die Unzulässigkeit des Einspruchs vor Zustellung aus den Motiven zu § 304 folgen, woselbst es heisst: «die Einspruchsfrist ist eine Notfrist (§ 201, 202, 229), deren

---

[1] So kommt die gelegentliche Ausdrucksweise, dass eine Handlung «binnen» oder «innerhalb» einer Frist vorzunehmen sei, an sehr vielen Stellen des Gesetzes vor, wo es ebenso wie hier nur bedeutet: vor Ablauf der Frist. z. B. §§ 105, 100, 291, 759, 855 und das entspricht durchaus dem Begriff der Frist als Endschranke und dem sich darauf gründenden allgemeinen Sprachgebrauch (vgl. Grimm, deutsches Wörterb. unter «Frist»). Es steht mit diesem Sprachgebrauch nicht im Einklang, wenn man meint, der gelegentliche Ausdruck «binnen der Frist» bedeute überall notwendig einen durch zwei Momente begrenzten Zeitraum, der alles was vor oder nach ihm liegt ausschliesst.

Lauf erst mit der Zustellung des Versäumnisurteils auf Betreiben der gehorsamen Partei beginnt. Diese Vorschriften stehen mit den Bestimmungen über die Fristen zur Einlegung der Berufung und Revision und sofortigen Beschwerde (§§ 477, 481, 514, 517, 540) in Einklang».

Allein diese Äusserung spricht eben nur von der Natur und dem Beginn der bei beiden vorkommenden Präklusivfristen, welcher wie oben gezeigt beim Einspruch wie bei der Berufung erst mit der Zustellung eintreten kann und nicht vom Beginn der Zulässigkeit dieser Mittel. Die Äusserung ist buchstäblich richtig auch bei dem oben aufgewiesenen Inhalt des Gesetzes.

Ebensowenig kann eine gegenteilige Meinung der Redaktoren aus den Motiven zu dem oben angeführten § 283 Abs. 2 (Entwurf § 273; S. 221) gefolgert werden. Daselbst heisst es: «die Verkündung macht die Zustellung des Verkündeten entbehrlich. Für Urteile spricht dies § 283 Abs. 2, für Beschlüsse und Verfügungen § 294 aus. Der Satz ist hauptsächlich von Bedeutung für die Fortsetzung des Verfahrens in derselben Instanz, insbesondere für alle prozessleitenden Anordnungen, Beweisbeschlüsse, Zwischenurteile, während bezüglich der Endurteile Abweichungen von jener Regelvorschrift für den Beginn des Laufes der Notfristen (vgl. §§ 304, 477, 514, 540) und die Zulässigkeit der Zwangsvollstreckung (vgl. § 671) aus überwiegenden Gründen geboten erschienen». Auch hier sagen die Redaktoren also nur: von der allgemeinen Regel, dass Urteile mit der Verkündung in volle Wirksamkeit treten, bestehe nur eine Ausnahme insofern der Beginn des Laufs der Notfrist noch nicht mit diesem Zeitpunkt eintrete. Wach (S. 265 f.) meint nun, die hier gemachte Ausnahme könne nicht in dem «Beginn des Laufs der Notfristen» gefunden, sondern müsse vielmehr darin gesucht werden, «dass die Einlegung des Einspruchs und der Rechtsmittel an die Voraussetzung der Zustellung geknüpft wird». Allein die Redaktoren sagen eben das Andere, und daraus, dass sie etwas anderes sagen, als was sie nach Wachs Ansicht hätten sagen müssen, kann doch nicht gefolgert werden, dass sie seiner Ansicht waren.

Wach giebt übrigens zu, «dass dieses künstliche Herumdeuten an den Motiven» einen Beweis nicht erbringen könne und etwas Unbefriedigendes habe. Die für ihn entscheidenden Gründe sind radikalerer Natur. Seine Deduction wurzelt und gipfelt in dem Satze: «Die Wesenhaftigkeit der Frist ruhe in ihrer Bestimmungsmässigkeit als präklusivischer und absoluter Zeitgrenze für die Anfechtbarkeit des Urteils,» d. h. darin: nicht nur einen terminus ad quem sondern auch einen terminus a quo für die Anfechtbarkeit zu bestimmen. Die Einspruchsfrist müsse also hierin notwendig mit der Berufungs- und Revisionsfrist übereinstimmen. Es könne nicht die Einspruchsfrist lediglich einen terminus ad quem, die Berufungsfrist aber zugleich einen terminus a quo bedeuten. (S. 270.) Die besonderen Vorschriften der §§ 477 und 514, dass Berufung und Revision erst nach der Zustellung zulässig sein soll, erscheinen hiernach lediglich als selbstverständliche Consequenzen jener Wesenhaftigkeit der Frist. Daraus würde sich allerdings ergeben, dass das Gesetz in den §§ 477, 514 zweimal etwas überflüssiges sage, was es dann zum drittenmal (im § 304) zu sagen versäumt habe. Diese Annahme hat für Wach nichts befremdliches, da es eine «Präsumtion» für die Unfehlbarkeit des Gesetzgebers nicht giebt. (S. 261) Die eingehende Begründung der besonderen Bestimmungen für Berufung und Revision der §§ 477 und 514 in den Motiven aus der besonderen Natur dieser Rechtsmittel «bedeutet uns nichts, wenn wir die Gestaltung unsres Procedursystems ansehen, und uns fragen, was kann nach der objektivirten sententia legis motiviren, dass wir den Einspruch hinsichtlich Einlegung anders behandeln als die Berufung?» (S. 270.) Diese Art einer aprioristischen Construktion zu Liebe das Gesetz zu behandeln, charakterisiert sich selbst. Vor allem aber ist der grundlegende Satz von der angeblichen Wesenhaftigkeit der Frist unrichtig. Dass das Wesen der Präklusivfristen nicht darin besteht, einen terminus a quo, sondern vielmehr darin, ein Ziel, eine Endschranke zu setzen, ist schon oben (S. 13) erwähnt,[1] und lässt sich, falls es überhaupt bezweifelt werden könnte, an jeder Prozessfrist nachweisen. Oder soll etwa behauptet werden, dass z. B. der Kläger die cautio pro expensis nicht vor Beginn der Präklusivfrist (§ 105) bestellen, die Partei ihre Kostenberechnung nicht vor Beginn der Frist des § 100 einreichen, der Antrag auf Berichtigung des Thatbestandes nicht vor Aushang des Urteilsver-

[1] Vgl. auch Petersen, Comm. II. Aufl. S. 513.

zeichnisses gestellt, die Einreichung der Berechnung im Verteilungsverfahren nicht vor der Aufforderung dazu (§ 759, 760), die Bezeichnung des Schiedsrichters nicht vor der Mahnung dazu (§§ 855, 857) erfolgen könne? u. s. w. Es giebt allerdings Prozesshandlungen, die nicht vor Beginn der Präklusivfrist vorgenommen werden können, weil dieser Beginn an ein Ereignis geknüpft ist, vor dessen Eintritt die betreffende Handlung unmöglich ist. So können z. B. die Anfechtungsklage gegen das Ausschlussurteil (§ 835), die Restitutions- und Nichtigkeitsklagen (§§ 542, 543) nicht vor Beginn der Notfrist erhoben werden, weil dieser Beginn mit der Kenntnis des Urteils beziehungsweise des Anfechtungsgrundes eintritt. Der Grund hierfür liegt aber nicht in dem behaupteten Wesen der Frist, einen terminus a quo zu setzen, sondern darin, dass die Handlung naturgemäss vorher unmöglich ist. Die Notfristen haben in dieser Beziehung keine andere Natur als die übrigen Parteifristen. Soweit die Handlung vor Beginn der Frist möglich ist, ist sie (mit Ausnahme der besonderen Bestimmungen der §§ 477, 514) auch zulässig; so kann insbesondere in dem einzigen Fall, wo die Notfrist für die Nichtigkeitsklage nicht mit der Kenntnis des Anfechtungsgrundes, sondern mit der Zustellung des Urteils ihren Lauf beginnt (§§ 542 Nr. 4, 549 Abs. 3), die Klage vor Beginn der Frist erhoben werden;[1] das sprechen auch die Motive zum Entwurf I. (S. 397) und zum Entwurf II. (S. 342) ausdrücklich aus; und, um jeden Stein des Anstosses für formalistisch angelegte Geister zu entfernen, ist deshalb dem im Entwurf I. (§ 499) gebrauchten, dem oben bezeichneten Sprachgebrauch des Gesetzes entsprechenden Ausdruck: «die Klagen sind innerhalb der Notfrist eines Monats zu erheben», im Entwurf II. (§ 525) die jetzige Form gegeben: «die Klagen sind vor Ablauf der Notfrist eines Monats zu erheben». Wäre übrigens die gegenteilige Ansicht richtig, so würde die nicht vertreten gewesene Partei sich niemals selbst die Möglichkeit der Nichtigkeitsklage verschaffen können, weil die Notfrist mit der Zustellung an sie beginnt (§ 549 Abs. 3); sie wäre also dem guten oder vielmehr bösen Willen des Gegners preisgegeben.

Ebenso kann die sofortige Beschwerde, sofern die Notfrist nicht

---

[1] Das wird übrigens auch von Wach nicht bestritten, S. 265.

ausnahmsweise mit der Verkündung (§§ 301, 829), sondern mit der Zustellung der Entscheidung beginnt (§ 540) vor der letzteren, also vor Beginn der Notfrist erhoben werden.[1]

Ist somit die als Obersatz von Wach aufgestellte Behauptung vom angeblichen Wesen der Frist als terminus a quo unrichtig und petitio principii, so fällt damit seine ganze Deduction. Auch abgesehen davon aber liegt dafür, dem Gesetz jene sonderbare Gedankenlosigkeit zu imputiren, dass es zweimal (§§ 477, 514) etwas Überflüssiges sage und es dann zum drittenmal im § 304 zu sagen vergessen habe, um so weniger Grund vor, als die Ausnahmsbestimmungen der § 577 und 514 in der Begründung aus der besonderen Natur der Berufung und Revision eingehend motiviert sind. Was unter der die gegenteilige Behauptung Wach's «motivierenden objectivierten sententia legis», welcher gegenüber jene Motive des Gesetzgebers «nichts bedeuten», verstanden werden könnte — wenn nicht eben jene Behauptung von der Wesenhaftigkeit der Bestimmungsmässigkeit der Frist — dürfte nicht leicht zu sagen sein.

b) Kürzer kann glücklicherweise die zweite Streitfrage erledigt werden: Beginnt die Notfrist für die Nichtigkeitsklage im Falle des § 542 Nr. 4 erst mit der Rechtskraft des Erkenntnisses?

---

[1] Schmidt, in d. Zeitschr. f. deutschen Civ.-Pr. Bd. 4, S. 390 und die dort mitgeteilte Entsch. des O.-L.-G. Celle. Franke in Bödikers Magazin Bd. 2 S. 210 und die herrschende Meinung. Vgl. auch Struckmann-Koch, Anm. 2 zu § 540; Meyer, Zeitschr. f. d. Civ.-Pr. Bd. 7 S. 71; Hellmann; Lehrb. S. 729; Barazetti, Rechtsmittel S. 275 (mit dem nicht richtigen Zusatz, dass die Zustellung nachträglich erfolgen müsse) u. A. — A. M. Meyer in Rassow-Küntzel's Beitr. 27. S. 839 u. v. Wilmowski-Levy, Anm. 1 zu § 304 und Anm. 2 zu § 540. Letztere berufen sich mit Unrecht auf zwei Reichs-Gerichts-Entscheidungen, nämlich: a) Entsch. Bd. 3 S. 375. Hier wird ausgeführt, dass die Notfrist bei einer von Amtswegen zuzustellenden Entscheidung nicht durch Parteizustellung, sondern nur durch Amtszustellung (§ 294) in Lauf gesetzt werde, und es wird daher eine nach der Parteizustellung verspätet aber vor der Amtszustellung erhobene sofortige Beschwerde für zulässig erklärt. Die Entscheidung beruht also auf der richtigen Ansicht. b) Entsch. Bd. 5 S. 357. Dieselbe weist eine gegen ein anders schriftlich abgefasstes als verkündetes Urteil eingelegte sof. Beschwerde zurück, weil es an den Voraussetzungen einer solchen überhaupt, nämlich an einem das Urteil berichtigenden Beschlusse (§ 290) fehlt. Sie berührt mithin unsere Frage überhaupt nicht.

Richtig ist ja, dass Restitutions- und Nichtigkeitsklage grundsätzlich Mittel zur Anfechtung rechtskräftiger Urteile sind (§ 541). Aber aus diesem Grunde allein wird man nicht mit Hellmann[1] in Abrede stellen dürfen, dass das Gesetz für einen besonderen Thatbestand eine dadurch bedingte Ausnahme gemacht hat. Dies ist in der That geschehen für den Fall, wenn die Nichtigkeitsklage darauf gegründet wird, dass eine Partei in dem Verfahren nicht nach Vorschrift der Gesetze vertreten war § 542, Nr. 4, sei es dass die processunfähige Partei, sei es dass ein nichtbevollmächtigter oder ein nicht legitimierter gesetzlicher Vertreter für sie verhandelt hat. In diesem Falle beginnt die Notfrist nicht wie in allen übrigen Fällen mit der Kenntnis des Anfechtungsgrundes (also hier mit der Kenntnis vom Process und Urteil), sondern mit der Zustellung des Urteils an die processfähige Partei beziehungsweise an ihren wahren gesetzlichen Vertreter.[2] Da nun aber vor dieser Zustellung das ergangene Urteil gegen die nicht vertretene Partei überhaupt nicht die an die Zustellung geknüpften Wirkungen haben, insbesondere also auch nicht vorher der Lauf der Notfristen für Einspruch und Rechtsmittel für sie beginnen kann, so ergiebt sich, dass mit dieser gültigen Zustellung zugleich die Notfristen für Einspruch, Rechtsmittel und für die Nichtigkeitsklage ihren Anfangspunkt nehmen, und dass die letztere mit ersteren konkurriert, und zwar, da die im § 542 Abs. 2 angeordnete Subsidiarität der Nichtigkeitsklage in diesem Falle nicht statt hat, elektiv.

Die Notfrist für die Nichtigkeitsklage beginnt also vor der Rechtskraft des Urteils, und das ist auch noch ausdrücklich ausgesprochen dadurch, dass Abs. 3 des § 549 cit. die Vorschriften des Abs. 2 das., und zwar ihrem ganzen Umfange nach, für unanwendbar erklärt.[3]

---

[1] Lehrbuch S. 778.

[2] § 549: «Die Klagen (Restitutions- und Nichtigkeitsklagen) sind vor Ablauf eines Monats zu erheben.

Die Frist beginnt mit dem Tage, an welchem die Partei von dem Restitutionsgrunde Kenntnis erhalten hat, jedoch nicht vor eingetretener Rechtskraft des Urteils. Nach Ablauf von fünf Jahren von dem Tage der Rechtskraft des Urteils an gerechnet sind die Klagen unstatthaft.

Die Vorschriften des vorstehenden Absatzes finden auf die Nichtigkeitsklage wegen mangelnder Vertretung keine Anwendung; die Frist für Erhebung der Klage läuft von dem Tage, an welchem der Partei und bei mangelnder Prozessfähigkeit dem gesetzlichen Vertreter derselben das Urteil zugestellt ist».

[3] So auch Wimowski-Levy, Anm. 9 zu 549; Levy, Jurist. Wochen-

Es ergiebt sich ferner hieraus, dass für die nicht vertretene Partei die Notfristen für Einspruch, Rechtsmittel und Nichtigkeitsklage gleichzeitig ablaufen, und dass mithin die Nichtigkeitsklage in diesem Falle, da die Nichtigkeit auch mit Einspruch und Rechtsmitteln geltend gemacht werden kann, eine wesentlich praktische Bedeutung nur rücksichtlich der in letzter Instanz ergangenen Urteile hat. Und grade die Rücksicht auf diese hat mit einen wesentlichen Grund für die Aufnahme der Nichtigkeitsklage in die C.-P.-O. gebildet. Mot. S. 335.

Da aber die Notfrist vor Rechskraft appellabler Urteile beginnt und sogar abläuft, so versteht sich von selbst, dass auch die Nichtigkeitsklage vor der Rechtskraft erhoben werden kann. Nach Seuffert Com. Anm. 3 zu § 549 soll zwar die Notfrist vor Rechtskraft des Urteils laufen, aber die Klage nur gegen das rechtskräftige Urteil möglich sein. Dieser Widerspruch erklärt sich, wie die von ihm gegebenen Beispiele zeigen, daraus, dass er beim ersten Satz die Rechtskraft für die nicht vertretene Partei, beim zweiten Satz dagegen die Rechtskraft gegen den falsus procurator im Sinne hat. Diese Scheinrechtskraft ist aber für die Zulässigkeit der Klage und den Beginn der ihr gesetzten Notfrist unerheblich. Zulässig ist die Nichtigkeitsklage für die nicht vertretene Partei sobald in dem Scheinprozess ein Urteil ergangen ist (vgl. oben S. 46), also auch schon, ehe sie die Möglichkeit hat, ein durch Zustellung bedingtes Rechtsmittel (§ 477, 514) zu erheben.[1] Die Notfrist dafür aber läuft erst von der gültigen Zustellung des Urteils an sie, und mit dieser erlangt sie zugleich die Möglichkeit einer etwa zulässigen Berufung oder Revision. Der Gegner der nicht vertretenen Partei kann nach ergangenem Urteil ebenfalls, sobald er Kenntnis vom Nichtigkeitsgrunde erhält, die

---

schr. 1879 S. 184; v. Kries, Rechtsmittel S. 486; Struckmann-Koch, zu § 549 u. A.

[1] Seuffert a. a. O. will, solange dem falsus procurator noch Rechtsmittel zustehen, der nichtvertretenen Partei nicht die Nichtigkeitsklage geben, weil das Urteil noch nicht (gegen den falsus procurator) rechtkräftig sei. Das ist unerheblich. Die Rechtsmittel aber (477, 514) können der nicht vertretenen Partei nicht durch (unwirksame) Zustellung an den falsus procurator eröffnet werden. Richtig Struckmann-Koch a. a. O.; Wilmowski-Levy, Anm. 9 zu 549 nicht klar.

Nichtigkeitsklage erheben, macht aber, solange ihm noch ein Rechtsmittel zusteht, natürlich bequemer mit diesem die Nichtigkeit geltend. Die Notfrist für die Nichtigkeitsklage beginnt auch ihm erst, nachdem er der Partei bez. dem wahren Vertreter das Urteil zugestellt hat; er hat also den Beginn der Notfrist in der Hand.[1]

Es könnte noch die Frage aufgeworfen werden, ob die Zustellung an die Partei unbedingt die Notfrist in Gang setzt, oder nur, sofern die Partei durch dieselbe auch wirklich Kenntnis von dem Urteil erhalten hat, was bei Ersatz- und öffentlichen Zustellungen ja keineswegs immer der Fall ist. In den Motiven ist der Gedanke ausgedrückt, dass die Kenntnis die allgemeine Grundbedingung des Beginns der Notfrist sei, und dass in diesem Falle eben eine ganz besonders durch Zustellung gesicherte Kenntnis erfordert werden müsse (Mot. S. 341 ff.), und das ist ja zweifellos auch das wahre Motiv für die gesetzliche Bestimmung.[2] Allein im Gesetz ist eben nur das Resultat dieser Erwägungen zum Ausdruck gekommen, indem es den Beginn der Notfrist hier ohne weiteres an die Zustellung knüpft; und in diesen Dingen ist es auch ganz gut und richtig, wenn ein fester Punkt gegeben wird, sofern derselbe nur durchaus regelmässig dem praktischen Bedürfnis entspricht. Man sollte sich davor hüten, die Motive einer gesetzlichen Bestimmung immer in dieser selbst in ihrer ganzen Ausführlichkeit wieder finden und deshalb hinein interpretieren und so das Gesetz korrigieren zu wollen. Auf diesem Bestreben beruhen so manche unnötige und unfruchtbare Kontroversen in unserm jungen Prozessrecht. Das Gesetz handelt oft — sei es bewusst, sei es unbewusst — sehr richtig, wenn es die Motive einer gesetzlichen Bestimmung nicht in ihrem vollen Umfang zum Gesetz erhebt.

Sollte ausnahmsweise die Kenntnisnahme von der erfolgten Zustellung durch einen Restitutionsgrund verhindert sein, so würde die Wiedereinsetzung helfen (§ 211).

---

[1] Die Ansicht Hellmann's a. a. O., dass die Nichtigkeitsklage auch in diesem Fall nur gegen das rechtskräftig gewordene Erkenntnis, also nachdem der nichtvertretenen Partei die durch ordnungsmässige Zustellung begründeten Rechtsmittelfristen verstrichen seien, erhoben werden könne, findet im Gesetz keinen Anhalt.

[2] Deshalb wollen manche nicht unbedingt jede Zustellung als Anfangspunkt der Zustellung gelten lassen.

2) Die Frist zur Beantragung der Wiedereinsetzung in den vorigen Stand gegen den Ablauf einer Notfrist (§ 211 ff.) Die Frist ist eine zweiwöchige, im Fall des § 213 eine einmonatliche. Sie beginnt mit dem Tage, an welchem das Hindernis gehoben ist, also an welchem die Partei zuerst im Stande war, die Handlung vorzunehmen; im Fall des § 211 Abs. 2 mit dem Tage, an welchem die Partei Kenntnis von der Zustellung des Versäumnisurteils erlangt, oder durch ihr eignes Verschulden in Unkenntnis davon verblieben ist,[1] im Fall des § 213 mit dem Ende der Notfrist.

Der Lauf der Frist, welche keine Notfrist ist, wird durch die Gerichtsferien gehemmt (§ 201), dagegen ist Erstreckung derselben durch Parteivereinbarung im öffentlichen Interesse der formalen Rechtssicherheit durch die positive Vorschrift des § 212 Abs. 2 ausgeschlossen. Das Gericht hat daher ihre Einhaltung von Amtswegen zu prüfen, § 267 Abs. 1 findet keine Anwendung; sie ist ausschliessend.

3) Vielbestritten ist die Natur der vier neben den Notfristen für die betreffenden Prozesshandlungen noch ausserdem gesetzten äussersten Zeitgrenzen, der sog. «Jahresfristen»:

a) für die Wiedereinsetzung in den vorigen Stand von einem Jahre vom Ablauf der versäumten Notfrist an gerechnet § 212 Abs. 2;
b) von 5 Jahren vom Tage der Rechtskraft des Urteils für die Restitutions- und Nichtigkeitsklage § 549 Abs. 2;
c) von 10 Jahren vom Tage der Verkündung des Ausschlussurteils für die Anfechtungsklage;
d) von 10 Jahren vom Tage der Rechtskraft des Vollstreckungsurteils für die Klage auf Aufhebung des Schiedsspruches.[2]

Manche halten sie überhaupt nicht für Prozessfristen, sondern für «Verjährungsfristen».[3] Andere halten sie deshalb für keine Prozess-

---

[1] Reichs-G. VI S. 344.

[2] Die von Gaupp I 515 mit diesen gleichgestellte Bestimmung, dass der Ehescheidungsprozess von Amtswegen ausgesetzt werden kann, aber nicht über ein Jahr (§ 580) gehört nicht hierher. Es ist das keine Parteifrist. Es ist überhaupt ihrer Tendenz nach nicht sowohl eine prozessualische als eine eherechtliche Bestimmung.

[3] Fitting, Arch. f. civ. Pr. Bd. 61 S. 417 ff.; Gaupp, Comm. I

fristen, weil sie nicht unterbrochen werden können,[1] oder deshalb, weil sie (wenigstens die drei letztangeführten) erst nach Rechtskraft des Urteils, also nach Beendigung des Prozesses beginnen.[2]

Zunächst haben alle vier bezeichneten Zeiträume das miteinander gemein, dass sie äusserste Zeitschranken für die Vornahme von Prozesshandlungen durch die Parteien sind, und es sind daher begrifflich prozessualische Parteifristen. Richtig ist, dass die drei letzteren die ausserordentliche Anfechtung rechtskräftiger Urteile,[3] also Parteihandlungen betreffen, welche erst nach Rechtskraft des Urteils also nach Aufhören der Rechtshängigkeit möglich sind. Allein da diese Handlungen eben ausschliesslich die Anfechtung eines Urteils betreffen, so sind diese Fristen ebenso wie die Voraussetzungen der Anfechtung prozessualischer Natur; und wie man früher die die ausserordentlichen Rechtsmittel regelnden Bestimmungen zum Prozessrecht gerechnet hat, so wird man es auch heute mit diesen Rechtsmitteln, auch wenn sie nicht mehr «Rechtsmittel» genannt werden, halten müssen. Daran ändert auch nichts, dass die C.-P.-O. diese Anfechtungsmittel formell als «Klagen» behandelt, zumal sie, dem Mechanismus des heutigen Verfahrens entsprechend, auch die Rechtsmittel der Berufung und Revision so behandelt, und auch die Bezeichnung «Klage» nicht, wie die der romanistischen Actionentheorie sich anschliessende gemeinrechtliche Doktrin auf die erste gerichtliche Geltendmachung eines materiellen Rechts beschränkt, sondern dem altdeutschen Sprachgebrauch sich nähernd auch auf andere prozessualische Anträge von einer gewissen Selbständigkeit, wie eben die Rechtsmittel, anwendet.[4]

S. 516 «civilrechtliche Verjährungsfristen»; u. A. auch die Motive S. 342. Protokolle d. R.-T.-Komm. S. 279.

[1] Schwalbach a. a. O. S. 276.

[2] Allg. Gerichtszeitung f. d. Königr. Sachsen, XXV. Jahrg. 1881 S. 33 ff. So ist auch wohl Gaupp's Äusserung a. a. O. zu verstehen: es seien keine prozessrechtlichen, d. h. keine Fristen, welche der Parteithätigkeit innerhalb eines Prozesses Schranken setzen.

[3] Ausgenommen die Nichtigkeitsklage im Fall des § 542 Nr. 4. vgl. oben S. 43 ff.

[4] So spricht die C.-P.-O. vom Berufungs- und Revisionskläger und -Beklagten §§ 476, 482 ff., 504, 518 f.). «Klage» behufs Anfechtung des Entmündigungsbeschlusses § 605, 624, des Ausschlussurteils § 835. So heissen ferner

Gerade der Umstand aber, dass die durch jene Zeiträume ausgeschlossenen Anfechtungsmittel «Klagen» sind, hat wohl die Veranlassung gegeben, sie für «civilrechtliche Verjährungsfristen» zu erklären. Allein der Ausschluss der betreffenden Rechtsbehelfe durch diese Fristen hat mit der Verjährung nichts gemein. Alle übrigen Prozessfristen könnten eher mit der Verjährung verglichen werden als gerade diese.[1]

Der Grund, dass gerade und nur für die oben bezeichneten vier Fälle neben den für die Rechtsausübung gegebenen Notfristen noch eine zweite absolute Zeitschranke gesetzt worden ist, liegt offenbar darin, dass gerade und nur hier der Beginn der Notfrist ein durchaus beweglicher, von zufälligen Umständen abhängiger ist, welchen der Gegner (etwa durch Zustellung oder drgl.) herbeizuführen nicht in der Lage ist. Der Beginn der Notfrist und mithin die Zulässigkeit des Rechtsmittels könnte daher möglicherweise Jahrzehnte und länger hinausgerückt werden, und es war mithin im Interesse der öffentlichen Rechtssicherheit geboten, neben dieser beweglichen Notfrist noch eine absolute Zeitgrenze für die fraglichen Parteihandlungen zu setzen.[2]

Obschon diese Fristen echte Parteifristen sind, so können sie weder gehemmt noch unterbrochen werden. Darin herrscht, soviel ich weiss, Übereinstimmung.[3] Unrichtig aber ist es, sie deshalb nicht

---

alle in Bezug auf ein Schiedsverfahren gerichtlich zu verfolgenden Anträge «Klagen» § 871. Ueber den altdeutschen Sprachgebrauch Laband, vermögensrechtl. Klagen S. 1 ff.; Planck, Deutsches Gerichtsverf. I. S. 357. — In weit grösserem Umfange als die C.-P.-O. hat das französische Recht sich diesen Sprachgebrauch erhalten, welches daher demandes principales und incidentes unterscheidet, Code de proc. civ. a. 337 ff. Demande ist hier z. B. der Antrag, den Gegner zur Anerkennung einer Urkunde zu veranlassen, eine Urkunde für gefälscht zu erklären, ferner demande en reprise d'instance (Aufnahme des Verfahrens) a. 350; demande en desaveu (Missbilligung einer vom Anwalt gegebenen Erklärung) a. 359 etc., und die Parteien werden hier unabhängig von der Parteirolle im Prozesse als demandeur, defendeur der Incidentklage bezeichnet.

[1] Vgl. oben S. 17 f.

[2] Eine Analogie bietet die absolute Zeitschranke des a. 349 Deutsch. Hand.-G.-B. im Verhältniss zu a. 347 das.

[3] Nur Gaupp I. S. 516 ist der Ansicht, dass sie «wie alle anderen Verjährungsfristen nur mit Rücksicht auf ihre Unterbrechung für den Prozess in Be-

zu den Parteifristen rechnen zu wollen,[1] denn der Begriff einer Parteifrist wird nicht dadurch bestimmt, dass sie gehemmt oder unterbrochen werden kann, sondern dadurch, dass sie eine Zeitschranke für prozessualisches Parteihandeln ist. Auch auf die Notfristen finden die Bestimmungen über Hemmung keine Anwendung, und doch wird ihnen deshalb niemand die Natur echter Parteifristen bestreiten. Dass sie aber weder gehemmt, noch durch Parteivereinbarung erstreckt, noch unterbrochen werden können, folgt aus dem mit dem Zweck dieser Fristen vollkommen übereinstimmenden Wortlaut des Gesetzes:

§ 212 Abs. 2: «Nach Ablauf eines Jahres von dem Ende der Notfrist an gerechnet, kann die Wiedereinsetzung nicht mehr beantragt werden»;

§ 549 Abs. 2: «Nach Ablauf von fünf Jahren, vom Tage der Rechtskraft des Urteils an gerechnet, sind die Klagen unstatthaft»;

und ganz analog: § 835 Abs. 2, § 870 Abs. 2. Nach Absicht und Ausdruck des Gesetzgebers kann es meines Erachtens keinem Zweifel unterzogen werden, dass hier feste, unveränderliche, lediglich nach dem Kalender zu berechnende Zeitschranken gegeben sind, und dass damit die Anwendbarkeit der §§ 201—203 und 226, 228 auf diese Fristen ausgeschlossen ist.

4) Die einmonatliche Frist für die Anfechtung des vom Amtsrichter erlassenen Entmündigungs-Beschlusses (§§ 605, 624). Es könnte zunächst zweifelhaft erscheinen, ob diese Frist überhaupt unter den allgemeinen Bestimmungen der C.-P.-O. über Prozessfristen steht. Wenn man nämlich das auf die Entmündigung bezügliche Verfahren vor dem Amtsgericht nicht als eigentliches Prozessverfahren sondern wegen der mangelnden Prozessformen und rechtskräftigen Feststellung für ein Verfahren der freiwilligen Gerichtsbarkeit ansehen will, so liesse sich etwa sagen, dass vor der Erhebung der Anfechtungsklage ein Prozessverfahren überhaupt nicht schwebe, und aus diesem Grunde jene allgemeinen Bestimmungen auf diese Frist nicht anwendbar seien. Die Sache würde dann ähnlich liegen,

---

tracht kommen», und scheint dabei an eine civilrechtliche Unterbrechung zu denken.

[1] Schwalbach, a. a. O. u. A.

wie bei der Frist zur Anfechtung eines Schiedsspruchs (§ 870). Es ist bereits oben ausgeführt, dass die allgemeinen Bestimmungen über Fristen (§ 191 ff.) nicht auf ein bereits rechtshängiges Verfahren beschränkt sind, und das findet u. A. grade seine Bestätigung bei letztgedachter Frist, welche zweifellos von jenen allgemeinen Bestimmungen beherrscht wird und sogar eine Notfrist ist; man wird jene allgemeinen Bestimmungen also auch auf die hier in Rede stehende Frist anwenden müssen. Daraus ergiebt sich: sie ist ausschliessend, aber keine Notfrist, was vielleicht legislatorisch zu bedauern ist, da grade hier die Möglichkeit einer Wiedereinsetzung in den vorigen Stand sehr indiciert gewesen wäre; die Möglichkeit eines eigenen Verfahrens behufs Wiederaufhebung der rechtsgültigen Entmündigung ersetzt das keineswegs. Sie ist daher nicht vom Richter aber durch Parteiübereinkunft erstreckbar.[1]

Zu bemerken ist noch, dass diese Frist überhaupt keine processualische sein, also den allgemeinen Bestimmungen der C.-P.-O. überhaupt nicht unterstehen würde, wenn Wach's[1] Behauptung richtig wäre, dass das durch die Anfechtungsklage eingeleitete kontradictorische, überall den Prozess-Grundsätzen mit Anwaltszwang, rechtskräftigem Urteil, ordentlichen und ausserordentlichen Rechtsmitteln bez. Anfechtungsmitteln etc. unterliegende Entmündigungsverfahren nicht Prozess sondern Verfahren der freiwilligen Gerichtsbarkeit sei. Aber sie ist es nicht.[3] Die Widersprüche, in die Wach sich behufs Begründung dieser Behauptung verwickelt (S. 55—58) sind so augenfällig, dass sie nicht besonders aufgewiesen zu werden brauchen. Die obervormundschaftliche Funktion soll «schlechterdings nicht dem Rechtsschutze gegen vorhandene oder drohende Rechtsverkümme-

---

[1] So auch v. Sarwey. Petersen, v. Wilmowski-Levy, Hellmann, Lehrb. S. 908 u. A. Grade für diese Frist mit Struckmann-Koch, Daude, Entmündigung S. 76 u. A. eine Ausnahme zu machen, bietet das Gesetz keinen Anhalt; übrigens ist, wie v. Wilmowski-Levy richtig bemerken, die Frage ohne praktische Bedeutung, da immer der Staatsanwalt beteiligt ist. — Daraus folgt, dass § 267 Abs. 1 anwendbar ist; eine dagegen geltend gemachte Analogie aus den §§ 306, 497, 525, 552, 835 trifft nicht zu, da diese Stellen sämtlich von Notfristen oder den absoluten Zeitschranken handeln.

[1] Wach, Handbuch I S. 55 ff.

[1] Vgl. gegen Wach auch Fischer, Arch. f. civ. Pr. Bd. 70 S. 415.

rung dienen». Aber wenn es überhaupt ein Institut giebt, welches zu allen Zeiten und von allen Völkern als das spezifische Institut des Rechtsschutzes aufgefasst worden ist, dann ist es die Vormundschaft; so sehr, dass diese Grundidee zu allen Zeiten die Bezeichnungen dafür bestimmt hat: Tutela von tueri; mundium, Muntschaft etc. (sei es von Mund, os; oder mit Kraut Vormundschaft S. 6, von Munt, Hand, in manu esse); Vogt, advocatus, defensor, patronus; Gerhab (sei es von gêr, hasta; sei es mit Grimm, Rechtsalterth. S. 466 von gêre, Schoss) u. s. w. Zwar soll nun die Entmündigung mit dieser obervormundschaftlichen Funktion nichts zu thun haben, da sie nur die Voraussetzungen für die letztere feststellt (S. 57); aber dennoch soll die einzig mögliche Auffassung die sein, die Entmündigung unter den Gesichtspunkt der vormundschaftlichen Fürsorge zu bringen, sie als einen «Vormundschaftsakt» aufzufassen (S. 57). Danach wäre sie also zwar nicht, aber dennoch ein Akt der vormundschaftlichen Fürsorge. Prozess könne das Entmündigungsverfahren nicht sein, weil die an dem Verfahren beteiligten Dritten, wie auch der Staat keine «selbstischen Interessen» dabei vertreten; damit sei aber der Begriff des «Rechtsstreites» ausgeschlossen (S. 57, 58), und dergleichen Dinge mehr. — Aber gerade um sich gegen die hier so häufig im Spiel begriffenen selbstischen Interessen Dritter wirksam schützen, sie bekämpfen zu können, ist dem in seinem höchsten Rechtsgut, seiner Handlungsfähigkeit, Angegriffenen, der doch vor Allen — was Wach übersieht — in diesem Verfahren selbst als Partei auftreten kann, der Schutz des kontradiktorischen Verfahrens mit allen processualischen Angriffs-, Verteidigungs- und Schutzmitteln gewährt. Grade in diesem notwendigen Rechtsschutze liegt der Angelpunkt der geschichtlichen Entwicklung, welche zu dem jetzigen Zustand geführt hat; auf diese geschichliche Entwicklung näher einzugehen, muss ich mir an dieser Stelle versagen; ein selbst flüchtiger Blick in die Motive und die Verhandlungen der Reichstagskommission gewährt schon einigen Aufschluss darüber.[1]

Die ganze Behauptungsreihe Wach's scheint nur erklärlich als

---

[1] Vgl. vorläufig etwa auch Code civ. a. 498, Code de proc. 890—897. Locré esprit du code de proc. (Paris 1816) Tom. IV p. 129 ff. Carré-Chauveau, Lois de proc. (4. ed. 1873) Tom. VI p. 769 ff.

eine Konzession an seine unrichtige Begriffsbestimmung von Prozess und freiwilliger Gerichtsbarkeit lediglich aus dem angeblichen Zweck des ersteren, das Privatrecht zu «schützen, zu bewähren», der letzteren, dasselbe zu «begründen», zu «entwickeln», (vgl. oben S. 16 f. und **Wach** Handb. S. 47, 50 u. a. a. O.), und zugleich als ein verzweifelter Versuch, die Annahme (vgl. auch Hellmann Lehrb. S. 2 ff.), dass ein wesentliches Unterscheidungsmerkmal beider in der Möglichkeit rechtskräftiger Feststellung liege, zu widerlegen. Denn diese auf das kontradiktorische Entmündigungsverfahren bezüglichen Behauptungen sind das einzige Argument, welches Wach zur Verfügung steht, um den vermeintlichen Nachweis zu führen, dass es auch innerhalb der freiwilligen Gerichtsbarkeit rechtskräftige Feststellung gäbe. — Gewiss lassen sich für Handlungen der freiwilligen Gerichtsbarkeit und für Process auch verschiedene Zwecke finden, allein die reichen für die wissenschaftliche Begriffsbestimmung eben nicht aus, und am wenigsten in der Form allgemeiner und unklarer Schlagworte wie «Rechtsschutz», «Rechtsbewährung» u. dergl. Die gleichen Zwecke können in dem einen Rechtssystem in den Formen freiwilliger Gerichtsbarkeit, im anderen nur durch Process verwirklicht werden (Konkurs-Recht S. 151 f.); und in ein und demselben Rechtssystem können dieselben Rechtsschutzzwecke bis zu einem gewissen Grade durch Akte der freiwilligen Gerichtsbarkeit, darüber hinaus aber nur durch processualische rechtskräftige Feststellung erreicht werden. Man denke z. B. an die Standes-, Handels-, Marken-Register, die Grundbücher, und an die in Bezug auf die durch dieselben konstatierten Thatsachen oft notwendig werdende prozessualische rechtskräftige Feststellung. Es dürfte schwer Jemand der Behauptung beipflichten, dass die Vormundschaft und gar der Entmündigungsprozess schlechterdings nicht dem Rechtsschutze diene, und dass die Institute der Standes-, Handels-, Marken-Register, der Grundbücher u. s. w. nicht ebenfalls darauf abzwecken, der Verwirklichung, dem Schutze oder wenn man lieber sagt: der «Bewährung» des Privatrechtes zu dienen.

Da ich hier vom Unterschied zwischen Prozess und freiwilliger Gerichtsbarkeit spreche, bin ich wiederum gezwungen, gegen einige mir von Wach irrtümlich unterstellte Behauptungen Verwahrung einzulegen. Nach seinem Handb. S. 49 Anm. soll ich bei der Unterscheidung beider «alles darauf abstellen», dass im Prozesse Exekutivkraft sei, dagegen den Handlungen der freiw. Gerichtsbarkeit solche Rechtswirkung nicht zukomme, dafür wird mein Konkursr. S. 151 citirt. Ich habe weder hier noch sonst irgend jemals eine ähnliche Behauptung aufgestellt. Wohl aber lehrt ein flüchtiger Blick in mein von Wach oft angeführtes «Privatrecht und Prozess», dass ich mehrfach das Gegenteil ausgesprochen habe. Die Erörterungen der m. E. zu beobachtenden geschichtlichen Unterschiede in der Richterfunktion (nach Wachs Dogma von der seit allen Zeiten gleichen Natur derselben existiren solche nicht, oben S. 16 Anm.) finden gerade einen wesentlichen Angelpunkt darin, dass das heutige Gerichtsurteil im Unterschied zu den Urteilen gewisser früherer Perioden nicht als Rechtsgrund des Zwanges angesehen werden könne. Zur Bestätigung dieser Ansicht habe ich namentlich auch darauf hingewiesen, dass das Prozessurteil keine notwendige sondern nur eine unter mehreren anderen möglichen Voraussetzungen der Zwangsvollstreckung sei, dass die Exekutivkraft auch anderen Arten, als richterlichen Urteilen, zukomme. (Privatr. u. Proc. z. B. S. 86, 125, 427 f.) und habe mich dann besonders noch auf die der freiwilligen Gerichtsbarkeit angehörigen exekutorischen Urkunden bezogen, (S. 574 f.), — welche Wach nunmehr gegen meine angeblich entgegengesetzte Ansicht ins Feld führt.[1]

Ferner: in der gleich folgenden Anmerkung[1] werden die Motive zur Konkursordnung und ebenso ich wegen angeblich unrichtiger Auffassung des Konkursverfahrens bekämpft. Es wird dann ausgeführt, dass das Konkursverfahren nicht eine aussergerichtliche, der Liquidation einer Handelsgesellschaft vergleichbare, «Auseinandersetzung», die Beteiligung des Gerichts daran nicht Akt der freiwilligen Gerichtsbarkeit sei etc., sondern dass das Konkursverfahren Prozess- insbesondere Executionsverfahren sei etc. Am Schlusse werden dann einige andere Schriftsteller angeführt, welche das Konkursverfahren mit Wach für Prozess halten. Auch diese Darstellung giebt zu einem Missverständnis Veranlassung. Denn gerade ich (Konk. Recht S. 136—156, ziemlich gleichzeitig mit der mir damals noch

[1] Wach, Handbuch I S. 50, 51. Beiläufig bestreitet er gegen mich (das. Anm. 20) den exekutorischen Urkunden des § 702 Nr. 5 C.-P.-O. irrtümlich die Herkunft von den instrumentis guarentigiatis.

[1] Wach, Handbuch S. 49 Anm. 11.

unbekannten Abhandlung Drechsler's[1]) habe die damals herrschende eben angedeutete Auffassung der Motive ausführlich zu widerlegen gesucht und ausgeführt, dass das Konkursverfahren Prozess sei, einmal wegen der durch dasselbe herbeigeführten rechtskräftigen Feststellungen, sodann weil es Arrest- und Exekutionsverfahren sei, (S. 154), eine Ansicht, die im Wesentlichen unter Anderen[2] eben jetzt auch Wach vertritt.[3]

Wenn Schriftsteller die von mir ausgesprochenen Ansichten, ohne Hinweis darauf, ebenfalls vortragen, so bin ich der Letzte, der irgend etwas dagegen einzuwenden hat; es kommt ja lediglich auf das sachliche Durchdringen der Anschauungen an, die man selbst für die richtigen hält.

Wenn Wach es aber für zweckdienlich hält, Mitteilungen über den Inhalt meiner Schriften zu machen, so möchte ich den lebhaften Wunsch hegen, dass dies in einer wenigstens annähernd ihrem Inhalt entsprechenden Weise geschähe. Es ist wirklich ungemein lästig, geduldерschöpfend und sachförderlicher Weiterarbeit hinderlich, wenn man, wo man auch hingreifen mag, genötigt ist, Schritt für Schritt sich gegen grobe Missverständnisse zu verwahren, und dadurch gezwungen wird, längst Gesagtes zu wiederholen, die Beläge dafür aus den eigenen Schriften zusammenstellen u. s. w.; — und das Alles nur, um zu zeigen, dass ein Anderer, welcher nunmehr nach Jahren wesentlich dasselbe sagt, zu der unrichtigen Annahme Veranlassung giebt, als habe man selbst etwas durchaus Anderes und Verkehrtes gesagt. Und doch kann man, sowohl im Interesse der Sache selbst, als auch in dem der eignen wissenschaftlichen Ehre dergleichen nicht in allen Fällen mit Stillschweigen übergehen, zumal wenn solche Unrichtigkeiten in einem Handbuche — von welchem die Leser voraussetzen dürfen, dass es ein annähernd treues Bild auch des Literaturstandes gäbe, und sie des eigenen Nachschlagens zum Teil überhebe — sich in dem Masse häufen, wie dies in dem Wach'schen Handbuche der Fall ist. Ich enthalte

[1] Drechsler, Arch. f. civ. Pr. Bd. 62 S. 425.

[2] u. A. v. Wilmowski, Konkursordnung II. Aufl. S. 56 f.; Hellmann, Lehrb. S. 38.

[3] Bezüglich der rechtskräftigen Feststellung Wach, Handbuch S. 46; wegen der Exekution S. 49 Anm. 11,

mich, hier ein weiteres Register solcher Missverständnisse zu geben, sondern will zum Belege und zur Charakteristik aus vielen Beispielen nur noch eins herausgreifen, obschon dasselbe mit dem hier erörterten Gegenstande in keinem Sachzusammenhange steht.

Bei Wach S. 27 Anm. 5 heisst es bezüglich des römischen Verfahrens in jure: «Schultze vermutet daher, dass doch in jure auch noch anderweit möchte protokolliert worden sein. Wie? Im Sinne obligatorischer Beurkundung der wesentlichen Thatsachen? Mit der Wirkung urkundlicher Feststellung für das Judicium? Es wäre wünschenswert gewesen, aus dem «unendlich reich fliessenden Quellenmaterial» (S. 272) Aufschluss zu bekommen». Kein Leser kann hiernach zweifeln, dass ich von einem über die Protokolle in jure unendlich reich fliessenden Quellenmaterials gesprochen und mich auf dasselbe für die ausgesprochene Vermutung berufen habe; womit ja zweifellos eine Thorheit gesagt worden wäre. Und wie verhält sich die Sache in Wahrheit?

Auf S. 270 f. spreche ich gelegentlich die auch von Andren[1] geteilte Vermutung aus, dass in der späteren Zeit in jure ausser der Formula auch noch protokollarische Aufzeichnungen erfolgt sein möchten, suche das aus inneren Gründen als wahrscheinlich darzuthun und füge wörtlich hinzu: «endlich finden wir in den Quellen auch Spuren von Protokollen der Prozessverhandlungen in jure». In der Anmerkung werden dann diejenigen Quellenstellen, welche ich (beiläufig in engerem Umfang als Keller und Bethm.-Hollw.) für solche Spuren halte, unter Hindeutung auf den Inhalt jeder einzelnen, genau verzeichnet. — Darauf schliesse ich den ganzen Abschnitt über das Verfahren in jure und die Bedeutung der formula (S. 223—272), und leite diesen Schluss ein mit dem Satze: «Wir haben also im Vorstehenden an der Hand eines kleinen Teiles des unendlich reich fliessenden Quellenmaterials gesehen, dass die formula das hypothetische Urteil des Prätors in der Sache selbst ist — — —» u. s. w. Kein Leser kann zweifeln, dass nicht von den die Protokolle in jure, sondern vielmehr von den die formula und

[1] Bestimmter und umfangreicher z. B. Keller, röm. Civ.-Pr. § 50 Anm. 598 (ed. VI Wach S. 259); Bethmann-Hollweg, röm. Civ.-Pr. II S. 194 f.; Baron, Institutionen S. 418.

das Verfahren in jure betreffenden Quellen die Rede ist, und dass die von diesen gebrauchte Bezeichnung vollständig zutrifft. Ich zweifle ja nicht, dass auch diese Unrichtigkeit nur auf einem durch oberflächliche Lektüre und unrichtige etwaige Notizen verursachten Missverständnis beruht; aber der Leser wird es in der Ordnung finden, dass ich es nicht mit Schweigen übergehen kann, wenn mir in dieser Art Behauptungen in den Mund gelegt werden, welche, wenn sie gemacht wären, ebenso die Sache selbst wie meine literarische Ehre zu schädigen geeignet sein würden; dass ich vielmehr die erste Gelegenheit ergreife, dagegen Verwahrung einzulegen.

Übrigens ist Wach, wie aus den von ihm zu Keller a. a. O. gemachten Zusätzen hervorgeht, über die in jure geführten Protokolle ganz derselben Ansicht, wie Keller und ich. Seine Polemik hätte also nicht einmal der Sache gegolten, sondern lediglich darauf abgezweckt, die von ihm mir fälschlich unterstellte Begründung ins Licht zu setzen. Oder sollte er, wie man nach der zitierten Äusserung allerdings annehmen müsste, jetzt gegenteiliger Ansicht geworden sein, so wird man Gründe von ihm erwarten, namentlich, dass er sich über die angeführten Quellenstellen ausspreche.

Diese Beispiele mögen statt vieler anderer genügen.

Ich schliesse diese mir lästige, aber abgezwungene Abwehr und kehre zur Sache zurück.

5. Die einwöchige Frist im Kostenfestsetzungsverfahren, falls die Kosten ganz oder zum Teil nach Quoten verteilt sind, zur Einreichung der Kostenrechnung bei Gericht.[1] Sie wird in Lauf gesetzt durch formlose Privataufforderung der einen Partei § 100. Nach fruchtlosem Ablauf erfolgt der Festsetzungsbeschluss ohne Rücksicht auf die Kosten des säumigen Gegners; jedoch kann derselbe seinen Anspruch auf Erstattung nachträglich geltend machen. Die Vollstreckung des ersten Festsetzungsbeschlusses wird durch solch nachträgliches Verfahren nicht aufgehalten, sofern nicht der Einwand auf Kompensation mit Erfolg geltend gemacht wird (§§ 668 ff.)[1]

---

[1] Willenbücher, Kostenfestsetzungsverfahren S. 23.

[1] Petersen zu §§ 98—100 Nr. 7; Gaupp I S. 310; O.-L.-G. Jena in Seuff. Arch. 37 Nr. 252.

Die Frist ist also nicht ausschliessend, insofern ihr Ablauf dem Gegner die nachträgliche Einreichung und Berücksichtigung seiner Kostenrechnung nicht abschneidet. Die Nachteile der Fristversäumnis sind nur formeller und provisorischer Natur. Man wird annehmen können, dass der Richter eine zwar nach Ablauf der Frist, aber vor Abfassung des Festsetzungsbeschlusses eingegangene Kostenberechnung des Gegners noch berücksichtigen kann, dass also auch formell die Nachteile der Versäumnis nicht an den Ablauf der Frist, sondern an die Abfassung der Entscheidung geknüpft sind.

6) Die einwöchige Frist für den Antrag auf Berichtigung des Thatbestandes. § 291. Sie beginnt mit dem Tage des Aushanges des Verzeichnisses, in welches das Urteil eingetragen ist (§ 287). Desshalb ist es für den Lauf derselben ohne Einfluss, ob die instruktionelle Vorschrift, dass der Aushang mindestens eine Woche andauern soll, beobachtet ist.

Die Frist ist ausschliessend, kann nicht auf einseitigen Antrag vom Richter erstreckt werden, wohl aber durch Vereinbarung der Parteien; desshalb ist die Einhaltung nicht von Amtswegen zu prüfen, § 267. Abs. 1 findet Anwendung. Der Schriftsatz muss die beantragte Berichtigung bezeichnen, ist also nicht lediglich vorbereitender, sondern zugleich bestimmender Natur; in der mündlichen Verhandlung können andre Berichtigungen nicht beantragt werden.[1]

7) Die von Zustellung des Urteils laufende einwöchige Frist für den Antrag auf Ergänzung desselben. (§ 292.) Sie hat denselben juristischen Charakter wie die vorige, ist ausschliessend, jedoch nur für den Antrag auf Ergänzung. Neue Klage ist zulässig, sofern nicht etwa das bürgerliche Recht dem übergangenen Anspruch selbstständige Klage versagt;[2] denn das lückenhafte Urteil ist kein Teilurteil, und Rechtshängigkeit kann der neuen Klage nicht entgegengesetzt werden, weil durch das nicht ergänzungsfähige Urteil die Möglichkeit aufgehört hat, auf Grund des früheren Verfahrens ein Urteil zu erwirken.

---

[1] So auch Gaupp II S. 168; Struckmann-Koch u. A. Im Parteiprozess kann der Antrag in den Formen der §§ 457, 458, 462 gestellt werden.

[2] Vgl. die Litteratur bei Struckmann-Koch Anm. zu § 279 S. 328, auch Einf.-Ges. z. C.-P.-O. § 14 Nr. 5.

8. Die zweiwöchige Frist zur Erhebung des Widerspruchs gegen den Zahlbefehl im Mahnverfahren § 632 wird zwar vom Richter in jedem Falle ausdrücklich gegeben, ist aber eine gesetzliche, weil ihre Dauer ein für alle mal vom Gesetz bestimmt ist; sie kann daher auf einseitigen Antrag weder verkürzt noch verlängert werden (§ 202 Abs. 2), wohl aber durch Parteivereinbarung. Obschon die Frist keine Notfrist ist, wird sie doch durch die Gerichtsferien nicht gehemmt (G.-V.-G. § 204). Sie ist nicht ausschliessend, Widerspruch vielmehr noch bis zum Erlass des Vollstreckungsbefehls zulässig.

9. Die sechsmonatliche Frist für die Erhebung der Klage vor dem Landgericht, falls Widerspruch gegen den Zahlbefehl erhoben worden ist. Sie läuft von der Benachrichtigung des Gläubigers von der Erhebung des Widerspruchs.

Hierher gehört ferner die sechsmonatliche Frist zur Beantragung des Vollstreckungsbefehls vom Ablauf der Paritionsfrist des Zahlbefehles an § 641. Beide Fristen sind ausschliessend, ihre Versäumung hat aber nicht Ausschluss mit der Klage bez. Verlust des Anspruchs, sondern nur Erlöschen der durch den Zahlbefehl begründeten Rechtshängigkeit zur Folge und zwar auch der civilrechtlichen Wirkungen derselben.[1] Der unbenutzte Ablauf der Fristen wirkt peremtion d'instance. Die Fristen werden durch die Gerichtsferien nicht gehemmt (G.-V.-G. § 204)[2] sie sind durch Vereinbarung, aber nicht auf einseitigen Antrag verkürz- und erstreckbar.

10. In ähnlicher Weise erlischt das Aufgebotsverfahren, wenn der im Aufgebotstermine nicht erschienene Antragsteller nicht innerhalb sechsmonatlicher Frist die Anberaumung eines neuen Termins beantragt, § 831; ohne dass dadurch jedoch die Veranlassung eines neuen Aufgebots ausgeschlossen wird, nur in diesem Sinne ist die Frist ausschliessend. Sie wird durch die Ferien unterbrochen, kann vom Richter nicht verlängert oder verkürzt werden. Eine Verlängerung oder Verkürzung durch Vereinbarung ist dadurch ausgeschlossen,

---

[1] Förster (Eccius). Preuss. Priv.-R. I § 57 S. 351.

[2] So auch v. Wilmowski-Levy zu § 637 u. A. A. M. Schwalbach a. a. O. S. 266; Alexander Katz in Seuff. Zeitschr. Bd. 7 S. 507, weil es keine Fristen im Mahnverfahren seien. Allein auf dieses bezüglich sind nicht nur die Vorschriften über die Voraussetzungen, sondern auch die über die Wirkungen des Zahlbefehls.

dass die Gegner des Antragstellers unbekannt sind. Eine Wiederholung des Antrages, wenn der Antragsteller auch im neuen Termin ausgeblieben ist, ist unstatthaft; andernfalls würde Sinn und Zweck dieser Peremtion vereitelt werden.

11. Die im Verteilungsverfahren von der gerichtlichen Aufforderung an laufende zweiwöchige Frist für die Beteiligten zur Einreichung einer Berechnung ihrer Forderungen an Kapital, Zinsen, Kosten etc. (§ 759). Obschon durch richterliche Verfügung gegeben, ist sie gesetzliche Frist, und vom Richter nicht verkürz- oder erstreckbar. Verkürzung oder Verlängerung durch Parteiübereinkunft wird sich praktisch meist verbieten, weil dieselbe von allen Beteiligten getroffen werden müsste. Sie wird durch die Ferien nicht unterbrochen. (G.-V.-G. § 204.) Sie ist nicht ausschliessend, vielmehr präkludiert erst die Anfertigung des Verteilungsplans.

12. Die ebenfalls im Verteilungsverfahren von dem Termin zur Verhandlung über den Verteilungsplan an (§ 760) laufende einmonatliche Frist für den von einem in dem Termine dem Plane widersprechenden Gläubiger zu erbringenden Nachweis, dass er gegen die beteiligten Gläubiger Klage erhoben habe (§ 764). Über Erneuerung, Verkürzung und Verlängerung gelten die gleichen Grundsätze wie bei der vorigen Frist. Die Frist ist ausschliessend, sofern nach Ablauf derselben die Ausführung des Planes ohne Rücksicht auf den Widerspruch angeordnet wird. Die Befugnis des Gläubigers, demnächst durch Klage ein besseres Recht gegen die berücksichtigten Gläubiger geltend zu machen, ist nicht ausgeschlossen.

13) Endlich sind zu erwähnen noch die durch Bekanntmachung des Konkursverwalters in Lauf gesetzten gesetzlichen Ausschlussfristen im Konkurse (K.-O. § 140—142). Sie sind ausschliessend, vom Richter unerstreckbar; nur durch Uebereinkunft aller Beteiligten würden sie erstreckbar sein.

B. RICHTERLICHE PARTEIFRISTEN.

1) Von den richterlichen Fristen steht den gesetzlichen am nächsten die Notfrist zur Einlegung des Einspruchs gegen ein Versäumnisurteil im Fall des § 304, Abs. 2. Es gilt alles von ihr,

was oben von den Notfristen gesagt ist, nur dass sie, weil richterlich,[1] auch durch den Richter erstreckbar ist.

2) Die Anmeldefristen im Aufgebotsverfahren. Es sind die den unbekannten Gegnern des Antragstellers durch richterliches Dekret zur Anmeldung ihrer Rechte, Ansprüche etc. zu gebenden Fristen, bevor die Präklusion oder ein sonstiger Rechtnachteil gegen die Säumigen ausgesprochen werden kann. Sie sind echte Parteifristen, weil sie zur Rechtsgeltendmachung, welche jederzeit in derselben vorgenommen werden kann («spätestens im Aufgebotstermin» § 824), bestimmt sind, und die Anmeldung Parteihandlung ist.[2] Eigentümlich ist ihnen, dass ihren Endpunkt ein Termin bildet. Derselbe ist ausser zu Anmeldungen zugleich zur Verhandlung über den Antrag auf Erlass des Ausschlussurteils bestimmt, welches, sofern sich kein Bedenken ergiebt, auf diese Weise unmittelbar an das Ende der Anmeldefrist sich anschliessen kann.[3] Die Dauer der Anmeldefrist wird vom Richter bestimmt durch Fixierung ihres Endtermins, des Aufgebotstermins. Sie ist also trotz der vom Gesetz gegebenen Minimalschranken (§§ 827, 847) eine richterliche, und nicht, wie meist angenommen wird, eine gesetzliche Frist; (ebenso wie die Anmeldefrist im Konkurse trotz der gesetzlichen Minimal- und Maximalschranke, K.-O. 102, 126 ff.) eine richterliche ist.[4] Die Grundsätze über richterliche Fristen finden Anwendung in folgender Weise: da die Frist durch den anberaumten Aufgebotstermin ihren festen Endpunkt hat, so ist richterliche Erstreckung nur durch Anberaumung eines neuen Aufgebotstermins möglich, welche natürlich stattfinden kann. Übrigens ist jede Vertagung des Ausschlussurteils zugleich eine Erstreckung der Anmelde-

---

[1] A. M. Planck, Lehrb. S. 507 Anm. 23 wegen des «in der gesetzlichen Form und Frist» im § 306. Doch fällt dieser zusammenfassende Ausdruck wohl nicht für ihren rechtlichen Charakter ins Gewicht.

[2] Das Gesetz selbst braucht hier den Ausdruck «Frist» nicht. Nur einmal im § 834 Nr. 3 werden die Anmeldefristen mit anderen nicht hierhergehörigen Zeiträumen als «Aufgebotsfrist» zusammengefasst. Die Motive sprechen ganz richtig von einer «Anmeldefrist» S. 461.

[3] Über die Zweckmässigkeit vgl. Motive S. 461.

[4] Richterliche Zeitbestimmungen sind trotz der dafür gegebenen gesetzlichen Schranken auch der allg. Prüfungs- und der Schlusstermin im Konkurse (K.-O. §§ 102 u. 150).

frist (§ 828). Von einer Erstreckung durch Parteivereinbarung kann der Natur der Sache nach nicht die Rede sein, weil die Gegner unbekannt sind. Wegen des festen Endpunktes kann auch eine Hemmung der Frist durch die Gerichtsferien im eigentlichen Sinne nicht stattfinden; denn Sonne und Mond lassen sich durch die Gerichtsferien in ihrem Lauf nicht stören. Es kann sich also nur fragen, ob der § 201 auf Fristen der letzteren Art in der Weise analoge Anwendung finden kann, dass der Richter bei Bestimmung des Endtermins die vor den Termin fallenden Gerichtsferien zu berücksichtigen hat. Meines Erachtens ist die Frage zu bejahen, denn der § 201 bringt den Gedanken zum Ausdruck, dass in die richterlichen und gesetzlichen Fristen (soweit für letztere nichts anderes bestimmt ist) die Gerichtsferien nicht eingerechnet werden sollen, um den Parteien, Anwälten und Gerichtsbeamten diese Zeit möglichst frei von gerichtlichen Geschäften zu lassen.[1]

Die Anmeldefrist ist keine ausschliessende; vielmehr geschehen Anmeldungen rechtzeitig noch bis zum Erlass des Ausschlussurteils § 828.

Bei dem öffentlichen Aufgebot kommen ausser den Anmeldefristen noch andere Zeiträume in Betracht, welche von den Schriftstellern, soviel ich sehe, der Anmeldefrist rechtlich gleichgestellt, als eine «erweiterte Anmeldefrist» für gewisse Fälle aufgefasst werden.[2] Dieselben haben eine rechtlich andere Natur, sind keine Prozessfristen und gehören unten unter III. Des Zusammenhanges wegen sollen sie jedoch gleich hier erörtert werden. Beim Aufgebot solcher Wertpapiere nämlich, für welche in gewissen Zeiträumen Zins- oder Gewinnanteilscheine ausgegeben werden, und solcher Schuldurkunden, in denen ein Verfalltag angegeben ist, hat das Gesetz zum Schutze etwaiger gutgläubiger Besitzer dagegen, dass ihre Papiere ohne ihr Wissen auf Antrag eines Dritten amortisiert werden könnten, ausser der durch das Verfahren selbst gebotenen Sicherung die Zulässigkeit der Amortisation noch an das Vorhandensein gewisser Voraussetzungen

---

[1] Vgl. auch Alexander Katz a. a. O.

[2] v. Wilmowski-Levy, Anm. 1 zu § 843 (3. Aufl. S. 986); Struckmann-Koch, Vorbem. zu §§ 483 ff. (5. Aufl. S. 929) u. A. Auch das Gesetz fasst sie unter dem Namen «Aufgebotsfrist» mit den Anmeldefristen zusammen § 834 Nr. 3.

geknüpft, welche an sich schon eine gewisse Wahrscheinlichkeit begründen, dass ein vom Antragsteller verschiedener Forderungsberechtigter nicht existiert, sondern dass das Document wirklich vernichtet oder doch in den Händen eines Nichtberechtigten sei. Zur Begründung solcher Wahrscheinlichkeit kann es wesentlich beitragen, wenn nachweislich diejenigen Gelegenheiten, bei denen der etwaige Besitzer seine Rechte aus dem Papier auszuüben alle Verlassung gehabt hätte, von Niemand benutzt verstrichen sind. Der Entwurf (§§ 788, 789) bestimmte in dieser Beziehung anstatt der jetzigen §§ 843—846, dass bei Urkunden, in denen der Verfalltag angegeben, der Aufgebotstermin und damit die Amortisation nicht früher als 6 Monate nach dem Verfalltag stattfinden dürfe, und dass bei solchen Wertpapieren, für welche von Zeit zu Zeit Zins- oder Gewinnanteilscheine ausgegeben werden, vor dem Aufgebotstermin und mithin der Amortisation der Tag verstrichen sein müsse, an welchem neue Zins- oder Gewinnanteilscheine ausgegeben sind, und dass der Antragsteller ausserdem vor Erlass des Ausschlussurteils durch ein Zeugnis der betreffenden Behörde, Kasse oder Anstalt nachzuweisen habe, dass die Urkunde zur Empfangnahme solcher neuen Scheine nicht vorgelegt sei.

In der Reichstagscommission wurde darauf hingewiesen, dass durch diese Bestimmung die Amortisation solcher Wertpapiere, für welche neue Zins- oder Anteilscheine nur in sehr weiten Zwischenräumen (von 10, 20, ja 90 Jahren) ausgegeben werden, auf Generationen hinausgeschoben werden würde. Zufolge der Anträge der Abgg. Reichensperger, Wolfsohn und Struckmann wurden sodann jene Bestimmungen des Entwurfs durch die jetzigen §§ 843 bis 846 ersetzt. Der § 843 hält auch jetzt noch im Wesentlichen jenen Grundsatz des Entwurfs aufrecht. Der § 844 aber verkürzt jenen Zeitraum bei solchen Wertpapieren, für welche Zins- oder Anteilsscheine in längeren als 4 jährigen Zeiträumen ausgegeben werden, dahin, dass Aufgebotstermin und Amortisation hier schon stattfinden können, wenn seit der Zeit des glaubhaft gemachten Verlustes von den vorher ausgegebenen Zinsscheinen eine vierjährige Reihe fällig geworden, und seit der Fälligkeit des letzten derselben 6 Monate verstrichen sind. Der § 845 sieht dann in ähnlicher Weise den Fall vor, dass für das Papier neue Zins- oder Anteilscheine überhaupt nicht mehr ausgegeben werden; dann soll der Aufgebotstermin nicht vor 6 Monaten seit der Fälligkeit des letzten Zinsscheines stattfinden. Der § 846 endlich bestimmt, dass bei Urkunden, in denen eine bestimmte Verfallzeit angegeben, (— sofern nicht die Voraussetzungen der §§ 843—845 vorliegen —) zwischen dem Verfalltag und dem Aufgebotstermin und damit der Amortisation mindestens sechs Monate verstrichen sein müssen.

Diese zum Schutze der Interessen dritter Personen getroffenen Bestimmungen wird man nicht auffassen können als Fristen für Handlungen der Parteien oder des Gerichtes,[1] überhaupt nicht als prozessualische Zeitbestimmungen, sondern sie setzen materiellrechtliche Voraussetzungen der Zulässigkeit einer Amortisation, welche in dem Ablauf einer bestimmten Zeit bestehen, die seit gewissen materiellrechtlichen, mit dem Verfahren in keinem Zusammenhang stehenden Ereignissen, verstrichen sein muss. Diese Zeiträume haben mit den vorhin besprochenen Anmeldefristen oder irgend welcher anderen Prozessfrist rechtlich nichts gemein, und findet daher auch eine Anwendung der über Hemmung oder Unterbrechung der Prozessfristen gegebenen Bestimmungen auf dieselben nicht statt.

Richtig ist, dass diese Zeiträume nicht vor dem Antrag oder Erlass des Aufgebots, sondern dass sie nur vor dem Aufgebotstermin, also vor dem Erlass des Ausschlussurteils verstrichen sein müssen. Der Richter wird also ein vorher beantragtes Aufgebot zu erlassen, aber in diesem Falle den Aufgebotstermin soweit hinauszurücken haben, dass jene Zeiträume vorher verstreichen.[2] Dadurch können diese Zeiträume zugleich mit in die Anmeldefrist fallen, allein die Vorschrift ihrer Beobachtung ist nicht Vorschrift einer erweiterten Anmeldefrist, überhaupt nicht einer Prozessfrist, sondern einer materiellrechtlichen Voraussetzung der Amortisation.

Es fragt sich nun, welche Rechtsfolgen hat die Nichtbeobachtung dieser Zeiträume?

Zweifellos ist es, dass das Ausschlussurteil vor Ablauf dieser,

---

[1] Für letzteres z. B. Seuffert, Anm. II, i. vor. §§ 191 ff.

[2] So auch Wilmowski-Levy, Struckmann-Koch aa. aa. OO.; Petersen, Sarvey u. die meisten Commentatoren. — A. M. v. Bülow, Anm. 1 zu 843.

eine materiellrechtliche Voraussetzung der Amortisation bildenden Zeiten nicht erlassen werden darf. Dagegen fragt sich, ob ein trotzdem erlassenes Ausschlussurteil der Anfechtungsklage unterliegt. Die Ansichten sind geteilt.[1] Der einzige der in § 843 spezialisierten Gründe, auf den die Anfechtung gestützt werden könnte, ist der der No. 3 daselbst:

«wenn die vorgeschriebene Aufgebotsfrist nicht gewahrt ist.»

Es fragt sich, was ist unter dem allein an dieser Stelle vorkommenden Ausdruck «Aufgebotsfrist» zu verstehen. Auch die Motive geben darüber keinen Aufschluss.[2] M. Erachtens sind darunter jene zwei verschiedenen Zeiträume verstanden. Einmal die prozessualischen Anmeldefristen der §§ 827 und 847. Das dürfte kaum einem Zweifel unterliegen, obschon diese Fristen im Gesetz selbst sonst nicht als «Fristen» bezeichnet sind; aber sie sind Fristen im eigentlichen Sinne und werden auch in den Motiven bald als «Anmeldungsfrist» bald als «Aufgebotsfrist» bezeichnet.[3] Sodann sind unter der «Aufgebotsfrist» des § 843 No. 3 m. E. auch jene, die Zulässigkeit der Amortisation bedingenden Zeiträume der §§ 843—846 verstanden. Obschon sie, wie gezeigt, keine Fristen im prozessualischen Sinne sind, werden sie doch im Gesetz als «Fristen» bezeichnet[4], und dass das Gesetz sie unter der «Aufgebotsfrist» mit verstanden, dürfte um so weniger zweifelhatt sein, als den Redaktoren und den sonst bei Abfassung des Gesetzes Beteiligten der hier erörterte rechtliche Unterschied zwischen beiden Zeiträumen, wie es scheint, entgangen ist, es also sehr natürlich ist, dass sie unter «Aufgebotsfrist» alle die beim Aufgebot als Voraussetzung des Ausschlussurteils in Betracht kommenden Zeiträume ohne Rücksicht auf ihre rechtliche

---

[1] Dafür die meisten Commentare, Struckm.-Koch, v. Wilmowski-Levy, Gaupp u. A. in der Anm. zu § 843, dagegen z. B. Endemann III S. 433. 440.

[2] Bei der Begründung des § 843 Nr. 3 (Entw. § 779) heisst es nur, dass «die Verkürzung der Aufgebotsfrist» erheblich genug sei, die Anfechtung zu begründen. Motive S. 465. An andern Stellen der Motive werden die Fristen der § 827, 847 als «Anmeldungsfrist» bezeichnet (S. 461). Auf S. 462 ist von «der Minimalfrist zur Anmeldung» die Rede. Auf S. 461 u. 462 wird für die Anmeldefrist der Ausdruck «Aufgebotsfrist» gebraucht.

[3] Vgl. vor. Anm.

[4] § 843 Abs. 2, § 844 Abs. 2.

Verschiedenheit begriffen. Endlich kann es sachlich und vom legislatorischen Standpunkt aus nur gebilligt werden, dass in Bezug auf die Anfechtung die prozessualen und die materiellrechtlichen zeitlichen Voraussetzungen gleich behandelt werden.[1]

3. Die Frist zur Sicherheitsleistung für die Prozesskosten. (§ 105.) Wird die prozesshindernde Einrede der mangelnden Sicherheitsleistung (§ 297) an sich für begründet erachtet, so kann doch zunächst eine definitive Entscheidung über dieselbe nicht ergehen, da sie noch nicht spruchreif ist, ihre thatsächliche Begründung vielmehr von der erst in der Zukunft zu erwartenden Leistung oder Nichtleistung der Sicherheit abhängt. Das Gericht hat vielmehr zunächst die Leistung einer Sicherheit anzuordnen, die Höhe derselben und eine Frist für ihre Leistung zu bestimmen. Man wird sich dafür entscheiden müssen, dass die Anordnung der Sicherheitsleistung durch Zwischenurteil zu erfolgen hat, da über die Einrede durch Urteil zu entscheiden ist (§ 248).[2] Das Verfahren ruht nun nicht, bis nach Ablauf der Frist von neuem geladen wird.[3] Sondern, da über die Einrede notwendig durch Urteil definitiv entschieden werden muss (§ 248), und da diese Entscheidung erst erfolgen kann, nachdem durch Ablauf der Frist beziehungsweise durch die erfolgte Sicherheitsleistung ihre thatsächliche Begründung oder Nichtbegründung klar gestellt ist, so hat das Gericht das Verfahren von Amtswegen fortzuleiten durch gleichzeitige Bestimmung eines Verhandlungstermins (§ 127, Abs. 3).

Der Lauf der Frist beginnt, sofern nicht etwas Andres vom Gericht angeordnet ist, mit der Verkündung der Entscheidung (§ 283, 294). Sie ist nicht ausschliessend, vielmehr kann die Sicherheit wirksam noch geleistet werden bis zum Schluss derjenigen mündlichen Verhandlung, in welcher über die Einrede endgültig entschieden wird (§ 105).

4. Die Frist, welche zur Beseitigung von Mängeln in der Prozessfähigkeit, in der Legitimation des gesetzlichen Vertreters,

---

[1] Damit stimmt im Resultat auch die gemeine Meinung überein.

[2] Zweckmässig wird auch die Höhe und Frist gleich in diesem Zwischenurteil festzusetzen sein, obschon das auch durch Beschluss geschehen kann. So z. B. auch Struckmann-Koch, zu § 104 u. Anm. 1 zu § 104 u. A.

[3] So Struckmann-Koch a. a. O.

in der erforderlichen Ermächtigung der wegen Gefahr im Verzuge vorläufig zugelassenen Partei zu setzen ist § 54; sowie

5. Die Frist zur Beibringung der Vollmacht oder Genehmigung der Prozessführung des vorläufig zugelassenen Vertreters § 85. Beide Fristen können durch schriftliche Verfügung des Richters (z. B. bei der Terminsbestimmung auf die Klage, bei Arrestgesuchen etc.), oder durch verkündeten Beschluss nach mündlicher Verhandlung gegeben werden. Sie beginnen, falls nicht ein anderer Anfangspunkt ausdrücklich bestimmt wird, mit der Zustellung bez. Verkündung der Entscheidung. Sie sind nicht ausschliessend. Der Mangel kann noch bis zu dem ergehenden Endurteil beseitigt werden.

6. Die Frist behufs Bestellung eines neuen Anwalts (§ 221). Die Frist beginnt mit der Zustellung der mit vorheriger Fristbestimmung durch den Vorsitzenden versehenen Aufforderung seitens der Partei an den Gegner (nicht mit dem richterlichen Dekret). Die Frist ist nicht ausschliessend, sofern ihr Ablauf nicht die Präklusion mit der begehrten Prozesshandlung, sondern nur zur Folge hat, dass die Partei nunmehr bis zur Anzeige von der neuen Anwaltsbestellung dem Gegner selbst alle Zustellungen gültig machen kann, und zwar unter gewissen Voraussetzungen in der leichtesten Form durch Aufgabe zur Post. § 221, Abs. 2.

7. Die Frist, welche das Gericht auf Antrag zu setzen hat, falls der Aufnahme des Beweises ein Hindernis von ungewisser Dauer entgegensteht (z. B. unbekannter oder weit entfernter Aufenthalt eines Zeugen u. dergl.). Die Frist ist nicht ausschliessend,[1] vielmehr kann das Beweismittel auch nach Ablauf derselben noch benutzt werden; sofern dadurch das Verfahren nicht verzögert wird, also namentlich noch in dem nach Ablauf der Frist anstehenden Verhandlungstermin, und in etwa nachfolgenden Terminen, sofern deren aus anderen Gründen nötig werden. § 321.

Ähnlich steht es mit den Fristen des § 329. Wenn eine ausländische Behörde wegen der Beweisaufnahme zu ersuchen ist, so kann das Gericht, anstatt den regelmässigen Weg einzuschlagen, auf Antrag oder auch von Amtswegen anordnen, dass der Beweis-

---

[1] So Struckmann-Koch zu § 321, u. A., obschon in der Sache selbst richtig.

führer die Erledigung des Ersuchens zu betreiben habe, oder auch sich auf die Anordnung beschränken, dass der Beweisführer eine entsprechende öffentliche Urkunde über die Beweisaufnahme beizubringen habe. In beiden Fällen hat das Gericht eine Frist zu bestimmen, binnen welcher die Urkunde auf der Gerichtsschreiberei niederzulegen ist. (§ 329.) Wegen der nicht ausschliessenden Natur der Frist gilt dasselbe, wie im Fall des eben erwähnten § 321 (§ 329, Abs. 3).

8. Die dem Beweisführer zur Herbeischaffung einer in den Händen eines Dritten befindlichen Urkunde gegebene Frist (§ 395). Es gilt dasselbe, wie in den vorigen Fällen. (§ 393—396.)[1]

9. Die Frist, welche das Gericht zur Hinterlegung eines Vorschusses für die der Staatskasse durch Vernehmung eines Zeugen erwachsenden Kosten setzen kann. Auch sie ist nicht ausschliessend, vielmehr erfolgt die Ladung des Zeugen noch, wenn die Hinterlegung nach der Frist so zeitig erfolgt, dass die Vernehmung ohne Verzögerung des Verfahrens erfolgen kann. (§ 344.)

10. Einwendungen in der Exekutionsinstanz, die den durch das Urteil festgestellten Anspruch selbst betreffen (§ 686), und Einwendungen gegen die Zulässigkeit der Vollstreckungsklausel in dem Falle des § 687 sind im Wege der Klage geltend zu machen. Das Prozessgericht kann in solchen Fällen auf Antrag anordnen, dass die Exekution eingestellt oder nur gegen Sicherheitsleistung fortgesetzt werde. In dringenden Fällen kann das Vollstreckungsgericht eine solche Anordnung erlassen unter Bestimmung einer Frist, innerhalb welcher die Entscheidung des Prozessgerichts über die einstweilige Sistierung der Exekution (nicht über die erhobenen Einreden) beizubringen ist. Nach fruchtlosem Ablauf der Frist wird die Vollstreckung durch den Gerichtsvollzieher fortgesetzt, ohne dass es hierzu einer besonderen Anordnung des Vollstreckungsgerichtes bedarf. Jene vom Vollstreckungsgericht gesetzte Frist ist mithin ausschliessend nur, sofern die Exekution sofort mit Ablauf derselben fortgesetzt werden kann. Natürlich kann aber die Entscheidung des Prozessgerichts jeder Zeit auch nachher noch beigebracht werden, und je nach Inhalt derselben ist die Exekution dann zu sistieren.

Dieselbe Frist kann auch vorkommen, wenn ein Dritter die

[1] Der Gegner ist zu einem neuen Verhandlungstermin zu laden. Fischer, a. a. O. S. 58.

Interventionsklage in der Exekutionsinstanz erhoben hat. § 690, vgl. auch § 710.

11) Die nach Anlegung des Arrestes dem Impetranten auf Antrag des Gegners zu setzende Frist zur Anstellung der Hauptklage (§ 806). Nach fruchtlosem Verlauf der Frist ist auf Antrag die Aufhebung des Arrestes durch Endurteil auszusprechen. (§ 806.) Die Frist ist mithin nicht ausschliessend, vielmehr kann der Nachweis der Klagerhebung noch bis zum Schluss der mündlichen Verhandlung erfolgen, in der das Endurteil ergeht. (§. 209 Abs. 2.)[1]

12) In dringenden Fällen kann das Amtsgericht in dessen Bezirk sich der Streitgegenstand befindet, eine einstweilige Verfügung erlassen, hat aber eine Frist zu bestimmen, innerhalb deren der Gegner zur mündlichen Verhandlung über die Rechtmässigkeit der einstweiligen Verfügung vor das Gericht der Hauptsache zu laden ist. Nach fruchtlosem Ablauf der Frist hat das Amtsgericht auf Antrag die erlassene Verfügung aufzuheben. (§ 820.) Die Frist ist nicht ausschliessend, vielmehr schliesst der bis zum Schluss der etwaigen Verhandlung über den Antrag erbrachte Nachweis der Klagerhebung die Versäumnisfolge aus. (§ 209.)

13) Im Beschwerdeverfahren kann das Gericht eine schriftliche Erklärung des Gegners erfordern und selbstredend eine Frist dazu bestimmen. (§ 536 Abs. 2.) Die letztere ist insofern nicht ausschliessend, als das Gericht eine noch bis zum Beschluss der Entscheidung eingehende Erklärung berücksichtigen wird.

Zu den Parteifristen oder den «eigentlichen» etc. Fristen pflegen gerechnet zu werden noch die beiden einwöchigen, von der Privataufforderung zur Bestellung eines Schiedsrichters bezw. eines neuen Schiedsrichters an laufenden Fristen für diese. (§ 854, 855.) Dieselben sind überhaupt keine prozessualischen Zeitbestimmungen. Denn einmal ist die Bezeichnung eines Schiedsrichters keine Prozesshandlung, sondern die Erfüllung einer privatrechtlichen Pflicht aus dem Schiedsvertrage, und sodann ist jene private Aufforderung zur Erfüllung dieser Pflicht ebenfalls kein Act prozessualischen Verfahrens. Ein prosessualisches Verfahren beginnt erst mit der «Klage» auf gerichtliche Ernennung des Schiedsrichters. Jene

[1] So auch die herrschende Meinung.

Aufforderung nebst Ablauf der Frist sind die civilrechtlichen Vorbedingungen für diese «Klage». Auf diese Zeitbestimmung können mithin auch die Vorschriften der Civilprozessordnung über Hemmung, Unterbrechung, Erstreckung der Prozessfristen keine Anwendung finden.[1] Aus der Natur der Sache ergiebt sich, dass jene einwöchige Frist das Minimum ist, welches zur Ausübung des vertragsmässigen Rechtes und der vertragsmässigen Pflicht dem andern Teil frei gelassen werden muss, und dass der betreibende Teil, wie er von seiner Befugnis überhaupt keinen Gebrauch zu machen braucht, natürlich auch eine längere Frist setzen kann. Aus dieser civilrechtlichen Natur der verlangten Ernennung ergiebt sich ferner, dass der Beklagte den Kläger noch bis zum Urteil klaglos stellen kann durch Vornahme derselben.[2]

Ebensowenig kann m. E. die dem pfändenden Gläubiger freigelassene Aufforderung an den Drittschuldner, binnen zwei Wochen über Bestand, Höhe, anderweite Pfändung etc. der gepfändeten Forderung bei Vermeidung der Haftung aus der Unterlassung sich zu erklären (§ 739.), zu den gesetzlichen «eigentlichen» Fristbestimmungen gerechnet werden.[3] Die Zeitbestimmung ist weder für eine Parteihandlung noch für die Rechtsausübung eines Dritten gegeben. Vielmehr ist die Abgabe der geforderten Erklärung reine civilrechtliche Pflicht, deren Nichterfüllung den Drittschuldner haftbar macht. Sie ist auch formell keine Prozesshandlung; denn der Dritte kann dem Gläubiger seine Erklärung in beliebiger privater Form abgeben (nur wird er gut thun, sich den Beweis zu sichern). Es folgt daraus, dass auf diese Aufforderung die Grundsätze über Prozessfristen keine Anwendung finden können. Der Gläubiger, der von seiner Befugnis überhaupt absehen kann, kann natürlich dem Drittschuldner auch eine weitere als die zweiwöchige Frist stellen. Dies Zeitmass ist nur das Minimum, welches dem Drittschuldner für Erfüllung seiner Verpflichtung frei bleiben muss.

---

[1] Wie z. B. Struckmann-Koch, Anm. 1 zu § 855 u. A. annehmen.

[2] Darin, dass diese Befugnis nicht aus § 209 Abs. 2 der C.-P.-O. hergeleitet werden kann mit Struckmann-Koch a. a. O., haben v. Wilmowski-Levy, Anm. 2. u. A. ganz recht. Aber mit Unrecht verneinen sie deshalb diese Befugnis überhaupt.

[3] So z. B. Seuffert a. a. O.

Endlich hat man auch wohl auf die für die Anfechtung von Rechtshandlungen gesetzten Endschranken (K. O. § 23 No. 2, § 24 No. 2, § 25 No. 1 u. 2, §§ 26 34 41 No. 4, Anfechtungsgesetz v. 21. Juli 1879 § 3 No. 2—4.) die allgemeinen Bestimmungen der C.-P.-O. über Fristen anwenden wollen. Mit Unrecht. Diese Zeiträume sind weder Prozessfristen noch Verjährungsfristen; sondern sie bestimmen materiellrechtliche Voraussetzungen der Anfechtbarkeit.[1]

III. ZEITBESTIMMUNGEN, WELCHE NICHT PARTEIFRISTEN SIND.

Hierher gehören eine Reihe von Zeitbestimmungen, die abgesehen von der angegebenen negativen Eigenschaft verschiedenartiger rechtlicher Natur sind, und auf welche, soweit nicht etwa die Berechnung in Frage kommt, die allgemeinen Bestimmungen der C.-P.-O. über Fristen regelmässig keine Anwendung finden. Sie lassen sich etwa unter folgende Kategorien bringen, obschon natürlich auch andere Einteilungsgesichtspunkte möglich sind.

A. Gesetzliche Maximalgrenzen, welche ein gewisser Zustand nicht überschreiten soll. Dahin gehören:

1) Die für die Haft gesetzte Maximaldauer von 6 Monaten. § 794. Verletzung der Vorschrift würde disciplinarische bez. kriminelle Bestrafung des Richters oder der sonst schuldigen Personen zur Folge haben.

2) Das Gericht kann das Verfahren über eine Ehescheidungsklage oder über eine Klage auf Herstellung des ehelichen Lebens, wenn es die Aussöhnung der Parteien für nicht unwahrscheinlich hält, und überdies die Scheidung nicht auf Grund eines Ehebruchs beantragt ist, von Amtswegen aussetzen. Der durch solche Aussetzung herbeigeführte Zustand der Ruhe des Verfahrens darf ein Jahr nicht überschreiten § 580. Etwaiger Verletzung der Vorschrift würde durch Beschwerde (§ 229) abzuhelfen sein. Uebrigens ist die Vorschrift der Sache nach mehr eherechtlicher als prozessualischer Natur.

---

[1] So auch Reichsgericht. Entsch. Bd. 17 S. 328 ff., S. 71 ff.

B. Gesetzliche Minimalschranken für einen gewissen Zustand, durch deren Einhaltung wenigstens zum Teil der Eintritt gewisser Rechtswirkungen bedingt ist; dahin gehören:

1) Der mindestens einwöchige Zeitraum, während dessen das Urteilsregister aushängen soll. (§ 287.) Die Vorschrift ist lediglich instructionell. Verkürzung des Aushanges hat auf den Beginn und Lauf der Frist für den Antrag auf Berichtigung des Thatbestandes keinen Einfluss, da diese Frist mit dem Tage des Aushanges beginnt. (§ 291 Abs. 2.). Übrigens enthält das Verzeichnis nur die Rubra der Urteile, nicht deren vollständigen Inhalt, und noch weniger den Thatbestand und die Entcheidungsgründe.[1]

2) Der Teilungsplan im Verteilungsverfahren muss spätestens drei Tage vor dem Verteilungstermin auf der Gerichtsschreiberei zur Einsicht der Beteiligten niedergelegt werden. (§ 761.) Die Vorschrift ist nicht lediglich instructionell. Verletzung der Vorschrift würde jedenfalls jedem Beteiligten das Recht geben, Vertagung des Verteilungstermins zu beantragen. Sollte der Richter dieselbe ablehnen, so würde das Widerspruchsrecht (§ 762) durch den dennoch abgehaltenen Termin nicht präkludirt werden. Wird dagegen im Termin die Verletzung nicht gerügt, so wird sie gemäss des § 267 geheilt. Ob die Präklusionswirkung des Termins den in demselben nicht erschienenen Gläubigern gegenüber (§ 763) durch Verletzung jener Vorschrift beeinträchtigt wird, könnte zweifelhaft erscheinen. Ich würde die Frage verneinen, da die Gläubiger zum Verteilungstermin geladen werden, und den nicht erscheinenden Gläubigern im § 763 die Präklusion als Versäumnisfolge allgemein angedroht ist.[2]

3) Hierher gehören ferner die Zeiträume, deren Ablauf die Voraussetzung für Vollendung der öffentlichen Zustellung ist. Die öffentliche Zustellung erfolgt in der Regel durch Anheftung des Schriftstücks an die Gerichtstafel des Prozessgerichts; wenn es jedoch eine Ladung enthält, ausserdem durch die Einrückung in öffentliche Blätter, nach näherer Vorschrift des § 187, Abs. 2. Die öffentliche Zustellung eines Schriftstücks, welches keine

---

[1] Prot. S. 106, auch Struckm.-Koch zu § 287 u. A. — Um so bedenklicher ist die von diesem Aushange an laufende kurze einwöchige Ausschlussfrist für den Antrag auf Berichtignng des Thatbestandes; vgl. oben II. A. 6. S. 62.

[2] So auch Petersen, Endemann III S. 391 u. A.

Ladung ist, ist bewirkt, wenn seit der Anheftung desselben an die Gerichtstafel zwei Wochen verstrichen sind; das eine Ladung enthaltende Schriftstück gilt an dem Tage als zugestellt, an welchem seit der letzten Einrückung des Auszuges in die öffentlichen Blätter ein Monat verstrichen ist.[1] Aushang bzw. Einrückung und Ablauf der bestimmten Zeit sind mithin Voraussetzungen der mit dem bezeichneten Zeitpunkt als bewirkt geltenden Zustellung. Alle Wirkungen der Zustellung, namentlich auch bezüglich des Beginnes und des Ablaufes einer Prozessfrist, treten erst mit diesem Zeitpunkt ein. Wie bei der wirklichen Zustellung alle Wirkungen sich an diesen Akt selbst, d. h. an die Ausführung der Zustellung bzw. Ersatzzustellung knüpfen, so knüpfen sich hier alle Zustellungs-Wirkungen an den bezeichneten Zeitmoment. Die vorher liegenden Akte sind nur Vorbereitungen der Zustellung. So bilden namentlich bei der Zustellung durch die Post die Übergabe des Schriftstücks an dieselbe, bei der Zustellung im Auslande das Ersuchungsschreiben nur Vorbereitungen der Zustellung. Ebenso verhält es sich bei der öffentlichen Zustellung mit der Anheftung bzw. der Einrückung.[2]

4) Einen ähnlichen Charakter haben die etwa durch Spezialgesetze vorgeschriebenen Zeiträume, welche zwischen den einzelnen Bekanntmachungen des Aufgebotstermins liegen sollen. Jedoch verordnet § 826 ausdrücklich, dass ihre Nichteinhaltung ohne Einfluss auf die Gültigkeit des Aufgebots ist. Das Gesetz braucht für diese Zeiträume, welche nicht Parteifristen sind, und zwar zum einzigen mal, den wenig passenden Ausdruck «Zwischenfristen». Es empfiehlt sich nicht, wie wohl geschieht, denselben zu einem technischen zu erheben und unter ihn auch andere Zeiträume,

---

[1] Im letzten Fall hat zwar ausser der Einrückung in öffentliche Blätter auch die Anheftung an die Gerichtstafel zu erfolgen, allein die Zustellung gilt an dem bezeichneten Tage vollzogen, ohne Rücksicht darauf, ob auch seit dem Aushange die für Nichtladungen im Abs. 2 § 189 gesetzte Zeit von zwei Wochen verstrichen ist, so auch Struckm.-Koch, v. Wilmowski-Levy, A. Förster, Anm. 1 zu § cit. A. M. v. Bülow, Comm. Anm. 1 zu § cit.

[2] So auch Struckmann-Koch 5. Aufl.) Anm. 1 zu §§ 176—180, Anm. zu §§ 182—185 und Anm. 1 zu § 189. A. M. Fitting: «die Entbehrlichkeit der beabsichtigten Novelle zur C.-P.-O.» Berlin 1886 S. 17 ff., welcher gewisse Wirkungen der Zustellung schon mit jenen Vorbereitungshandlungen verbinden will.

wie die sog. Einlassungs- und Ladungsfristen und die Parteifristen für vorbereitende Schriftsätze zu subsumiren.

5) Die dem Richter vermöge seines Prozessleitungsamtes zustehende Bestimmung einer von ihm zu bemessenden Zeit, während welcher Urkunden, Stammbäume, Risse etc. (§ 133) zur Einsicht für den Gegner (und das Gericht) auf der Gerichtsschreiberei verbleiben sollen. Es handelt sich hier nicht um eine Parteifrist, denn es wird keine Schranke für Vornahme einer Prozesshandlung (Einsicht einer Urkunde ist nicht eine solche) und überhaupt keine Endschranke, sondern vom Richter nur eine Minimalschranke gesetzt. Ist dem Gegner die vom Gericht bestimmte Zeit zur Information nicht gewährt, oder die Gelegenheit dazu aus einem anderen Grunde nicht ausreichend gewesen, so kann das Gericht vermöge seines Prozessleitungsamtes die Anordnung wiederholen bzw. modifizieren. Die allgemeinen Vorschriften über Fristen (§ 191 ff.) können nicht Anwendung finden.

6. Die Partei, welche in einem vorbereitenden Schriftsatz auf Urkunden Bezug genommen, ist auf Erfordern des Gegners verpflichtet, dieselben vor der mündlichen Verhandlung auf der Gerichtsschreiberei niederzulegen; Anwälte können statt dessen auch Mitteilung von Hand zu Hand wählen (§§ 125, 126). In beiden Fällen gewährt das Gesetz dem Gegner einen Zeitraum von drei Tagen zur Einsicht. Das Gericht kann aber auch in beiden Fällen[1] auf Antrag der einen oder anderen Partei einen kürzeren oder längeren Zeitraum bestimmen. Wäre die Zeit von dem Mitteilenden nicht eingehalten, so würde der Gegner Vertagung beanspruchen können, nicht dagegen, wenn er selbst die gewährte Zeit nicht benutzt hat. Giebt der Anwalt die ihm ausgehändigte Urkunde nicht nach Ablauf des (gesetzlich oder richterlich) bestimmten Zeitraumes zurück, so ist er dazu nach vorgängiger mündlicher Verhandlung durch Zwischenurteil zu verurteilen. (§ 126.) Auch diese Zeiträume sind keine Parteifristen oder «eigentliche Fristen», wie vielfach angenommen wird; denn Einsichtnahme einer Urkunde ist keine Prozesshandlung;

---

[1] Wilmowski-Levy u. A. wollen im Fall der Mitteilung von Hand zu Hand die Bestimmung eines anderen Zeitraums dem mitteilenden Anwalt überlassen.

es handelt sich nur um Bestimmung eines Zeitraumes, innerhalb dessen der einen Partei Informationsgelegenheit zu gewähren ist. Die allgemeinen Bestimmungen über Fristen (§ 191 ff.) können daher keine Anwendung finden. Dass die Parteien in diesem wie im vorigen Fall sich ohne Rücksicht auf die eventuelle gesetzlich oder vom Richter gesetzte Minimalschranke auf einen anderen Zeitraum einigen können, folgt aus der den Parteien überhaupt zustehenden Disposition über Ausübung ihrer prozessualischen Befugnisse.

7. Endlich kann hierher auch gerechnet werden die Bestimmung des einwöchigen Zeitraums der regelmässig zwischen der Pfändung und der Versteigerung der gepfändeten Sachen liegen soll § 717. Dass auch hier die Parteien sich anderweit einigen können, versteht sich von selbst.

C. Zeiträume, welche einer Partei freigelassen werden müssen zu ihrer Vorbereitung und Entschliessung, bevor eine gewisse Processhandlung von ihr verlangt werden kann.

Hierher gehören insbesondere die sog. Ladungs- und Einlassungsfristen. Dass dieselben nicht gesetzliche sondern wesentlich (d. h. unter Einwirkung der Parteizustellung) richterliche Zeiträume sind, ist bereits oben gesagt.[1] Hier ist noch ein Hauptargument zu erwähnen, welches für erstere Ansicht namentlich ins Gewicht gelegt wird. Man sagt, da § 204 ausdrücklich bestimmt, dass Einlassungs- und Ladungsfristen vom Richter auf Antrag abgekürzt werden können, die richterlichen Fristen aber schon nach der allgemeinen Bestimmung des § 202 vom Richter verlängert und abgekürzt werden können, so bezeugt diese sonst überflüssige Bestimmung, dass das Gesetz die Einlassungs- und Ladungsfristen zu den gesetzlichen rechnet.[2] Diese Deduction könnte m. E. als rein formaler Natur gegenüber der unzweifelhaften Thatsache, dass der Richter diese Zeiträume in jedem konkreten Fall durch seine Terminsbestimmung zu bemessen und zu bestimmen hat, überhaupt nicht ins Gewicht fallen. Sie ist aber auch nicht zutreffend, denn § 202 Abs. 2 bestimmt, dass der Richter eine von ihm bereits gesetzte

[1] S. 27 f.

[2] z. B. Struckmann-Koch, Anm. 1 zu §§ 198—204 (S. 107) und die dort Angeführten.

Frist nachträglich auch noch kürzen und verlängern kann; bevor der Richter die Frist gesetzt hat, kann ja von Abkürzung oder Verlängerung nicht die Rede sein. In § 204 dagegen bedeutet der Ausdruck: «Einlassungs- und Ladungsfristen können abgekürzt werden» etwas anderes; nämlich nicht, dass der Richter eine existierende Frist abkürzen, sondern dass er bei der ersten Bestimmung einer Zeit auch befugt sein soll, unter die seinem Ermessen hierbei als Regel gesetzte Minimalschranke herabzugehen.[1] Diese ausdrückliche Bestimmung aber war trotz des § 202 Abs. 2 für die Einlassungs- und Ladungsfristen absolut notwendig, wenn das Gesetz überhaupt den in den §§ 194, 234 gegebenen Minimalschranken den Character einer absolut bindenden Vorschrift nehmen und dem richterlichen Ermessen nach unten einen Spielraum einräumen wollte.

Dass diese Zeiträume nicht Parteifristen (oder «eigentliche» Fristen) sind, ist ebenfalls oben erwähnt, denn sie sind nicht Zeiträume für Vornahme von Prozesshandlungen, nicht etwa, worauf der wenig glückliche Ausdruck «Einlassungsfrist» bringen könnte, Fristen, innerhalb deren die Einlassung zu erfolgen hätte, sondern Zeiträume, innerhalb deren die Einlassung nicht gefordert, das Erscheinen vor Gericht nicht beansprucht werden kann, welche vielmehr der Partei zur Vorbereitung auf ihre nach dem Zeitablauf zu begehrende Einlassung frei bleiben sollen.[2] Dieser rechtliche Character kommt im § 234 ganz korrect zum Ausdruck:

> «Zwischen der Zustellung der Klageschrift und dem Termin zur mündlichen Verhandlung muss ein Zeitraum von mindestens einem Monat liegen.»

Die allgemeinen Bestimmungen über Parteifristen (§ 191 ff.)

---

[1] Den gleichen von dem § 202 Abs. 2 durchaus verschiedenen Sinn hat der Ausdruck z. B. im § 125.

[2] Die wenig glückliche und nur durch ihre Kürze annehmbare Bezeichnung «Einlassungsfrist» schmeckt etwas nach dem früheren schriftlichen Verfahren, nach welchem der Beklagte sich allerdings innerhalb der Frist einzulassen hatte; ebenso der von Bogliano, Lehrb. I S. 391 für die Ladungsfrist gebrauchte Ausdruck «Exceptionsfrist». Auch der Ansicht Hellmann's, Lehrb. S. 357, der die Einlassungsfrist deshalb für eine, und zwar «peremptorische» wirkliche Prozessfrist hält, weil dieselbe zur Vorbereitung auf eine Prozesshandlung gewährt sei, ist nicht beizupflichten: denn die Vorbereitung auf eine Prozesshandlung ist eben nicht Prozesshandlung.

können denn auch auf diese Zeiträume ihrer Natur nach nicht angewendet werden. So kann vor Allem von einer Versäumnis nicht die Rede sein. Ferner können die Bestimmungen über das Inlaufsetzen (§ 198), über die Berechnung (§ 199, 200), über die Hemmung (§ 201), keine Anwendung finden; und ebensowenig die Bestimmungen über Abkürzung und Verlängerung (§ 202, 203) durch den Richter oder durch Parteiübereinkunft.[1] In letzterer Beziehung ist es ja zweifellos, dass die Parteien übereinstimmend Terminsverlegung beantragen, den Termin aufheben, oder durch beiderseitiges Nichterscheinen gegenstandslos machen können; aber überall hier finden die gesetzlichen Bestimmungen über Termine und nicht die über Fristen Anwendung. Wenn die Schriftsteller und zum Teil auch die Gerichtsurteile trotzdem vielfach die Fragen ventilieren, wieweit diese und jene der allgemeinen Bestimmungen über Fristen auf diese Zeiträume Anwendung finden, namentlich ob sie zu den gesetzlichen oder richterlichen Fristen zu rechnen u. s. w., so ist damit eine Reihe von formalen Streitfragen zu einem Bestandteil der heutigen Prozesstheorie gemacht, welche m. E. nutzlos Zeit und Arbeit kosten und scholastischer Behandlungsweise, vor welcher wir uns in unserer jungen Wissenschaft hüten sollten, Thor und Thür öffnen. Nutzlos muss man diese Streitfragen nennen, weil diese Zeiträume eben ganz abgesehen von jenen unanwendbaren allgemeinen Bestimmungen durchaus erschöpfend durch die besonderen Bestimmungen der §§ 234, 459, 481, 517, 567, 194, 217, 302, 636, 204, sowie durch die Bestimmungen über Termine geregelt sind. Es ist ohne Schaden thunlich und wünschenswert, dass diese ganze Reihe von Streitfragen einfach gestrichen wird; und nur um hierzu nach meinen Kräften beizutragen, habe ich diese Zeiträume hier ausführlicher besprochen.

Nur ein einziger Zweifel von praktischer Bedeutung betreffs dieser Zeiträume kann aufgeworfen werden, nämlich der, ob der Vorsitzende bei Anberaumung der Termine auf die etwa zwischen Zustellung und Termin fallenden Gerichtsferien Rücksicht zu nehmen hat oder nicht. Und dieser Zweifel ist m. E. nicht aus der rechtlichen

---

[1] Einen anderen Termin und damit eine Dauer dieses Zeitraums bestimmen können nicht die Parteien.

Natur dieser Zeiträume selbst, sondern desshalb in bejahendem Sinne zu lösen, weil innerhalb derselben selbstständige Parteifristen für die Zustellung vorbereitender Schriftsätze fallen, welche sich zum Teil nach Quoten des im konkreten Falle vom Richter bemessenen Zeitraums berechnen. (§ 244. 245. 123. 204.)

Dass dies in der That Parteifristen sind, kann meines Erachtens einem Zweifel nicht unterzogen werden und leidet auch daran keinen Anstand, dass die Unterlassung vorbereitender Schriftsätze Rechtsnachteile in der Sache nicht mit sich führt. Es sind richterliche, und nicht wie vielfach angenommen wird, gesetzliche Fristen. Denn jene gesetzliche Quotenbestimmung ist eine lediglich relative, die wirkliche Dauer in jedem Falle bestimmt, soweit nicht die Parteizustellung Einfluss übt (vgl. oben S. 28), der Richter mittelbar durch die Terminbestimmung.

Obschon nun auf diese Fristen wegen ihrer Festlegung durch den fixierten Verhandlungstermin die Bestimmungen über Hemmung (§ 201) eine wörtliche Anwendung nicht finden können, so entspricht doch die Berücksichtigung der Gerichtsferien in der anderen möglichen Form meines Erachtens dem Sinne der gesetzlichen Bestimmung, sowie die Anwendung der übrigen allgemeinen Vorschriften über Fristen, soweit dies, sei es in wörtlicher (z. B. Erstreckung durch Richter und Parteien) oder in sinnentsprechender Weise möglich ist.[1]

[1] Im Resultat stimmen hiermit überein u. A. v. Wilmowski-Levy, Struckmann-Koch zu § 201; Alexander-Katz a. a. O. S. 511; Hellmann, Lehrb. S. 361 und Planck, Lehrb. S. 505.

BERICHTIGUNG.

Auf Seite 17 zu Zeile 3 ist folgende Anmerkung ausgefallen:

Vgl. darüber besonders Demelius, Untersuchungen a. d. röm .Civ.-Recht I. Abhandl. 1; Unger, österreich. Priv.-Recht, II, S. 104 ff.; Grawein, Verjährung und gesetzl. Befristung, I.; Schwalbach, in Ihering's Jahrb., Bd. 20, S. 265 ff.; Bekker, System des heutig. Pand.-Rechts, I. § 38.

II.

DIE EINZIEHUNG.

Das Strafgesetzbuch hat in seinem § 40 vorgeschrieben, dass bei vorsätzlichen Verbrechen oder Vergehen die instrumenta und fructus sceleris, soweit sie einem Teilnehmer gehören, eingezogen werden können. Die Einziehung ist im Urteil auszusprechen.

Man möchte auf den ersten Blick annehmen, dass diese Vorschrift nur althergebrachtes Recht wiederhole und es sich nur darum handle, den technischen Ausdruck der Konfiskation durch den deutschen Einziehung zu ersetzen; aber eine nähere Prüfung wird ergeben, dass dem nicht so ist.

Das frühere Recht drohte durchgehends die Konfiskation der Mittel und Früchte bei jedem Delikt, soweit die Gegenstände im Eigentum der Beteiligten standen. Man sah das allgemein als eine Nebenstrafe an, welche den Thäter treffe und daher um ihrer Qualität als Strafe willen gegen dritte Unschuldige nicht verwendbar sei. Nur bei Jagdfrevel ergab man sich in eine unvermeidliche Inkonsequenz; hier wurde häufig das Gewehr konfisziert ohne Rücksicht darauf, ob es dem Thäter oder einem Dritten gehöre, weil anders die Zwischensteckereien von Wilderern und Hehlern sich überhaupt nicht meistern liessen.

Der erste Entwurf des Strafgesetzbuchs hatte die Absicht an diesen Sätzen festzuhalten; er schlug bei allen vorsätzlichen Delikten die obligatorische Einziehung vor, forderte, um eine preussische Kontroverse zu beendigen, dass diese Einziehung im Urteil auszusprechen sei und wiederholte daher auch den Satz des preussischen Strafrechts (§ 20), dass die Konfiskation einzelner Gegenstände in den Nachlass geltend gemacht werden könne, selbst wenn zu Lebzeiten noch kein Urteil ergangen sei, — in der Fassung, dass die Einziehung nach dem Tode erkannt und gegen den Nachlass geltend gemacht werden könne. Diese Vorschläge sind schrittweise dahin geändert, dass die Einziehung bei allen Übertretungen wegfiel, dass sie bei Verbrechen und Vergehen aus einer obligatorischen zu einer fakultativen gemacht wurde, und dass aus der nach dem Tode selbständig zu erkennenden Einziehung sich das objektive Verfahren entwickelte, welches jetzt der § 42 aufweist.

Überall ging man davon aus, dass es sich um die Nebenstrafe der alten Konfiskation handle. Der erste Entwurf erklärt in seinen Motiven, dass allerdings der Tod dem strafrechtlichen Vorgehen ein Ende bereite, dass man aber für die Einziehung eine Ausnahme machen müsse, die durch die Erwägung gerechtfertigt werde, dass sonst die zu verbrecherischen Zwecken bestimmten Gegenstände die fernere Begehung von Verbrechen leicht ermöglichen könnten; das Strafgesetz habe die Pflicht, dem so weit wie möglich vorzubeugen. — Die Motive des zweiten Entwurfs betonen diesen Gedankengang noch mehr; die Einziehung, heisst es, ist nicht als eine Vermögensstrafe aufgefasst, sondern als eine Nebenstrafe, welche zur Sicherung des Strafzwecks dienen und insbesondere zur Verhütung fernerer strafbarer Handlungen mitwirken soll.

Wir wollen es nicht weiter betonen, dass es sich um eine Nebenstrafe handeln soll, die nicht Vermögensstrafe sei; es liegt auf der Hand, dass die Einziehung, sofern sie überhaupt eine Strafe ist, nur eine Vermögensstrafe sein kann. Das ist ein offenbarer Lapsus. Es fragt sich, ist die Einziehung eine Nebenstrafe? Litteratur und Praxis sind so allgemein mit dem Gesetzgeber einverstanden, dass wir bei Prüfung dieser Frage behutsam vorgehen müssen.

Der Begriff der Nebenstrafe lässt uns im Stich, sobald wir die selbständige Einziehung im s. g. objektiven Verfahren betrachten; eine Nebenstrafe, die auch allein ausgesprochen werden kann, ist begrifflich keine Nebenstrafe. Darüber hat man sich auch allseitig nicht getäuscht, und die herrschende Lehre geht daher heute dahin, dass diese selbständige Einziehung eine polizeiliche Massregel in der Hand eines Richters sei; die Einziehung verfolge strafrechtliche und polizeiliche Zwecke, wenn die ersteren sich nicht erreichen liessen, so könne doch die zweite Funktion fortdauern. Diese Auffassung zertrümmert offenbar den einheitlichen Begriff der Einziehung; die Voraussetzungen der Einziehung, welche derselbe Richter gegen dieselbe Sache ausspricht, mögen verschieden sein, aber wenn dadurch der Rechtsbegriff der Einziehung eine Anderung erleiden soll, so kann das doch nur so erklärlich sein, dass unter der Bezeichnung Einziehung mehrere Rechtsinstitute sich verbergen, die man am besten sonderte; mit andern Worten: diese Erklärung macht «Einziehung» als technischen Begriff unbrauchbar.

Es scheint richtiger, von der Eigenschaft einer Nebenstrafe abzusehen; es fragt sich dann, ist die Einziehung überhaupt eine Strafe? Die Vorschriften des Strafgesetzbuches machen uns stutzig; alle Sätze fehlen, die wir erwarten würden, falls es sich um eine Strafe handelte. Wir finden keine Bestimmung über das Verhältnis dieser angeblichen Strafe zu den übrigen, über die etwa notwendige Verwandlung, die Häufung, die Absorption, über die Vollstreckung und Verjährung, über die Strafmündigkeit, über die Wirkung des Todes. Man hat freilich versucht, diese Fragen aus dem Charakter der Strafe heraus zu beantworten, aber nicht einmal solcher Übermut prinzipieller Argumentation vermag die Fragen alle zu lösen. Hinzu kommt, dass die Anwendung der Einziehung, wo dieselbe wirklich erfolgt, ohne alle Symptome der Strafe auftritt. Da ist zunächst die Einziehung von Gegenständen ohne Rücksicht darauf, ob dieselben einem Teilnehmer gehören, eine Massregel, die mit allen Eigenschaften der Strafe in schreiendem Widerspruch steht. Da ist weiter die Einziehung im objektiven Verfahren, der man umsonst den Geschmack einer Strafe beizubringen sucht, indem man darauf hinweist, dass sie den unbekannten Thäter empfindlich treffen könne und den Thäter einer Regresspflicht unterwerfe. Da ist endlich die Einziehung gegen den Thäter selbst, nicht nur in ihrer Auflegung völlig von allen Fragen der mehr oder minder grossen Intensität der Schuld, der grösseren oder geringeren Beteiligung losgelöst, als ein angeblich «untheilbares Strafübel», sondern vielleicht sogar ausgesprochen neben der Freisprechung in der Sache selbst[1], eine Strafe trotz einer Freisprechung!

---

[1] Entscheid. des Reichsgerichts 2, 220 vgl. Entsch. des R.-O.-H.-G. 24, 131.

In allen diesen Fällen ist von Strafe nichts zu erkennen; fallen dieselben aber aus dem Begriff der Strafe heraus, während sie im Begriff der Einziehung bleiben, so ergiebt sich ohne Weiteres, dass wir die Einziehung überhaupt nicht als Strafe bezeichnen dürfen. Wohin der Weg der Strafe führt, das zeigt uns klar das niederländische Strafgesetzbuch von 1881; nach seinem Art. 34 soll die Einziehung in Haft umgewandelt werden, wenn der Gegenstand nicht ausgeliefert oder sein Wert nicht binnen zwei Monaten von der Vollstreckbarkeit an bezahlt wird.

Die Schwierigkeiten steigern sich, sobald wir berücksichtigen, dass die Einziehung auch ausserhalb des eigentlichen Strafrechts und in der Hand eines Civilrichters zur Anwendung gelangt. Bei der Abfassung des Nachdrucksgesetzes hielt man zuerst an dem hergebrachten Ausdruck der Konfiskation fest. Bähr beantragte jedoch, Konfiskation durch Einziehung zu ersetzen; die Konfiskation gehe vom Gesichtspunkt des Strafrechts aus, während es sich bei dem Nachdruck ohne Rücksicht auf Schuld oder Nichtschuld in Wahrheit um einen zivilrechtlichen Anspruch des Verletzten handle, um einen Präventiv-Anspruch, dahin gehend, dass die zum Nachteil des Verletzten hergestellten Nachdrucksexemplare und Vorrichtungen nicht in den Händen derjenigen bleiben, welche damit Missbrauch treiben könnten.[1] Kurz darauf ging die Strafgesetzgebung überall von dem Ausdruck Konfiskation zu dem Ausdruck Einziehung über und begründete ihre Einziehung ziemlich genau wie Bähr die seinige. Immerhin ist es Bähr gelungen, den Begriff einer privatrechtlichen[2] Einziehung ins Leben zu rufen. Man scheint keinerlei Bedenken zu haben, aus der Natur des Zweckes die Natur des Mittels zu bestimmen. So ist es denn gekommen, dass das Reichsgericht in der Einziehung bald eine wirkliche Vermögensstrafe[3], bald keine Strafe, sondern eine selbständige Massnahme[4], bald endlich keine Strafe, sondern das Korrelat des civilrechtlichen Anspruchs auf Sicherung[5] erblickt und dass die Theorie keinen Anstand nimmt zu

---

[1] Stenogr. Ber. 1870 S. 842.

[2] Berliner Obertribunal in Goltdammer's Archiv 24 S. 566.

[3] Entscheid. 8, 282.

[4] Entscheid. 2, 220.

[5] Entscheid. 13, 329.

lehren, dass die Einziehung den Charakter einer Strafe, einer Sicherung, eines Schadensersatzes haben könne.[1] Die Zwecke verwandeln sich ohne Weiteres in Eigenschaften.

Allein das Mass ist noch nicht voll; nicht genug, dass wir den Strafrichter und den Civilrichter jeden mit der Einziehung haben, es schliesst sich auch noch die Polizei an, sei es nun, dass sie der Enge von Gesetz und Justiz gleichsam ergänzend zur Seite tritt, z. B. hinsichtlich der zur Begehung von Delikten bestimmten Gegenstände oder hinsichtlich der bei einer Verurteilung unterlassenen Einziehung, sei es, dass sie andere, bisher vielleicht unbekannte Fälle durch ihr pflichtmässiges Eingreifen vermittelst der Einziehung erledigt.

Es fragt sich, ob nicht für diese verschiedenen Einziehungen ein einheitlicher Inhalt zu finden, m. a. W. ob nicht die Einziehung ein wirkliches Rechtsinstitut ist? Die Thätigkeit der Polizei soll unser Ausgangspunkt sein.

Die Polizeibehörden haben zu allen Zeiten die Aufgaben der Strafjustiz dadurch unterstützt, dass sie alle Sachen, die irgendwie mit strafbaren Handlungen zusammenhingen, an sich nahmen, mit Beschlag belegten, um die Bestrafung eines vielleicht noch unbekannten Thäters namentlich durch Überführungsstücke zu ermöglichen; sie haben ausserdem gemeingefährliche Gegenstände aus den Händen des Besitzers genommen, den Umständen nach zerstört, wie z. B. unreifes Obst, oder aufbewahrt, wie z. B. verbotene Waffen, gefälschte Münzen, Masse, Gewichte; sie haben weiter sich aller Gegenstände angenommen, die zu Störungen der öffentlichen Ordnung und des Anstandes dienten, z. B. zur Thierquälerei, zur Beschmutzung von Gebäuden, — sie haben desgleichen Sachen in ihre Obhut genommen, die mutmasslich andernfalls einer widerrechtlichen Aneignung ausgesetzt wären. Wo es sich dabei um strafrechtliche Vorgänge handelte, da hat die Polizei die richterliche Entscheidung abgewartet, so weit die Umstände das gestatteten. Sie hat aber doch Nahrungsmittel auch vorher vernichtet, weil ihre Aufbewahrung bis zur richterlichen Entscheidung nicht durchführbar war, und sie

[1] Berner Lehrbuch (14) S. 217.

hat andererseits sich nicht durch die richterliche Entscheidung beschränkt gefühlt in ihrer pflichtmässigen Erwägung der Frage, ob die betreffenden Gegenstände wiederum an den früheren Inhaber herausgegeben werden dürften. Wenn sie die Rückgabe verweigerte, dann lag Einziehung vor, d. h. die provisorische Wegnahme, wie sie in der Beschlagnahme enthalten ist, wurde in eine endgültige verwandelt. Im alten inquisitorischen Prozess wurde die ganze Frage meist stillschweigend dadurch erledigt, dass man die beschlagenen Sachen einfach nicht wieder herausgab. Wir können das deutlich erkennen in dem Verhalten, mit welchem man in Deutschland das sog. objektive Verfahren aufnahm. In Hannover weigerten sich die Richter, die Einziehung eines falschen Silbergroschens auszusprechen, man war daran gewöhnt, dass die Polizei solche Dinge besorgte; in Braunschweig missverstand man die Sache noch mehr. Die Praxis hatte sich dort ebenfalls an die Beschlagnahme angelehnt und man hatte einfach behalten, was man in Beschlag genommen hatte. Welchen Sinn hatte es denn jetzt, dass die Gerichte das noch ausdrücklich erklären sollten? Man glaubte, es könne sich nur darum handeln, dass jetzt das Eigentum des Staates positiv ausgesprochen werden solle: demgemäss ordnete man Ediktalladungen aller derer an, die auf die einzuziehende Sache Anspruch erhöben, und deshalb erklärte man Verfahren und Richterspruch für überflüssig in dem Fall, dass der Private bereit sei, sein Eigentum auf den Staat ausdrücklich zu übertragen und der Staatsanwalt dieses Anerbieten Namens des Staates annehmen würde.[1]

Hätten wir also kein objektives Verfahren erhalten, ja wäre auch nicht einmal die Einziehung in den einzelnen Paragraphen des Strafgesetzbuchs angedroht worden, so hätte das einen praktischen Unterschied kaum hervorgerufen; die Polizei hätte auch ohne diese Vorschriften die Einziehung vorgenommen. Halten wir dies zusammen mit dem strafrechtlichen Grundsatz «nulla poena sine lege», so ergiebt sich, dass wir mit einer poena nicht zu thun haben, die Massregel wäre auch ohne lex erfolgt. Vielmehr können wir in dieser Einziehung nichts erblicken als einen verwaltungsrechtlichen

[1] Zirkulare des Obergerichts Wolfenbüttel und der Staatsanwaltschaft 1874 in Gerichtssaal 27, S. 145.

Akt; es ist die endgültige Wegnahme einer Sache durch die Verwaltungsbehörde und die Androhung der Einziehung in den Strafgesetzen ist demnach die Aufstellung von Sätzen des Verwaltungsrechts, durch welche die Verpflichtung resp. die Berechtigung der Verwaltungsbehörde zu endgültiger Wegnahme ausgesprochen wird.

An diese Vorschriften hat das neue Recht die weitere Bestimmung gereiht, dass die Einziehung vom Strafgericht im Urteil auszusprechen sei. In früherer Zeit war dem, wie wir sahen, nicht so, die Vorschriften über Konfiskation bestanden materiell in etwa der gleichen Ausdehnung, aber ihre Anwendung durch Richterspruch war nicht verordnet. Nach heutigem Recht haben wir also eine Einziehung mit und eine Einziehung ohne Richterspruch. Es fragt sich, worin liegt der Unterschied?

Die herrschende Meinung geht dahin, dass der Richter polizeiliche Funktionen vollziehe, wenn er selbständig auf Einziehung erkenne, strafrechtliche, wenn er neben der Strafe, civilrechtliche, wenn er zum Schutz einzelner Private die Einziehung ausspreche. Ich glaube in allen Fällen liegt durchaus derselbe Begriff der Einziehung vor. Der Richter, welcher auf Einziehung erkennt, nimmt damit nicht etwa die Einziehung vor, er thut das so wenig, als er jemanden dadurch seiner Freiheit beraubt, dass er gegen ihn auf eine Freiheitsstrafe erkennt. Der Richter stellt vielmehr nur das Recht der Einziehung fest und dadurch sanktioniert er die endgültige Wegnahme der Sache, welche von der Verwaltungsbehörde entweder noch vorzunehmen oder bis auf das Nichtwiederherausgeben in Gestalt der Beschlagnahme bereits vorgenommen ist.[1]

Was dazu geführt hat, den Richterspruch in diese Frage hineinzuschieben, ist nicht schwer zu erkennen: es handelte sich darum, die Machtsphäre der Polizei einzuschränken und dem Privatvermögen die Garantie zu bieten, dass es nur dem Richterspruch zu weichen habe. Dem Reichstage hat das Schema des französischen Rechts vorgeschwebt, nach welchem jeder Eingriff in die Rechtssphäre des einzelnen Bürgers als unerlässliche Voraussetzung eine gesetzliche Grundlage fordert. In dieser Richtung bewegen sich sowohl die Vorschriften unseres objektiven Verfahrens, als auch die vom Straf-

---

[1] Bayr. Polizeistrafges. 26. Decbr. 1871 § 75: «im Strafurteil ist zugleich die Zulässigkeit der Einziehung auszusprechen».

richter in dem Strafurteil auszusprechende Einziehung. Nur darf man sich nicht dem Irrtum hingeben, als ob wir die Befugnisse der Polizei nunmehr in gleicher Weise umgränzt hätten, wie das im französischen Recht der Fall ist. Unsere Richter-Einziehungen sind nicht ausschliesslich, sie bilden nur einzelne herausgehobene Fälle und hinter ihnen steht das Recht der Polizei zu selbständiger Einziehung, kraft dessen die Verwaltung in den gesetzlichen Fällen den Richter ergänzen und ersetzen und in andern Fällen auch ohne gesetzliche Vorschrift zur Einziehung schreiten kann.[1]

Das Resultat ist demnach, dass die Einziehung in allen Fällen die endgültige Wegnahme einer Sache durch die Staatsverwaltung ist. Nunmehr bietet die Stellung der Einziehung im Strafgesetzbuch keine Schwierigkeiten mehr; es erklärt sich ohne weiteres, dass es an allen den Vorschriften fehlt, die wir für eine Strafe erwarten müssen, und dass wir alle Vorschriften, die sich auf den Begriff einer Strafe gründen, auf die Einziehung nicht anwenden können. Das gilt insbesondere auch von dem Satz: «poena major absorbet minorem» bei der Idealkonkurrenz, es ist durch den Begriff der Einziehung ausgeschlossen, sie um deswegen fortfallen zu lassen, weil die Bestrafung nach einem schwereren Gesetz erfolgt.[2] So erklärt es sich, dass wir keine Vorschriften über die Verjährung der Einziehung haben, denn wenn auch die Gerichte durch Zeitablauf gebunden wären, die Polizei kennt keine Verjährung und dem objektiven Verfahren steht sie daher ebenfalls nicht entgegen. — Es erklärt sich weiter, dass der Gesetzgeber den Tod des Thäters für gleichgültig erklärt hat; darauf wollen wir etwas näher eingehen.

[1] Auf diese Thätigkeit der Verwaltung verlässt sich der Gesetzgeber bisweilen in ganz erkennbarer Weise; eine elsass-lothringische VO. v. 20. Juni 1883 z. B. bestimmt in Ausführung des Jagdpolizeigesetzes die Kategorien des schädlichen Wildes und der nützlichen Vögel und wiederholt in § 12 die im Jagdpolizeigesetz gedrohten Strafen, ohne der dort zugleich angeordneten Einziehung zu gedenken. — Das Strafgesetzbuch für New-York von 1881 sagt § 710: «Alle Einziehungen sind abgeschafft»; aber Niemand wird glauben, dass ohne alle Einziehungen auszukommen ist.

[2] Das Reichsgericht hat den Satz anerkannt, aber für eine Ausnahme erklärt: Entscheid. 11, 330.

Römisches und Germanisches Recht haben durch Rechtssprichwörter die Meinung ins Leben gerufen, dass der Tod des Thäters notwendig das Ende der ganzen Straffrage bringe und die heutige Kulturauffassung hat vom Standpunkt der Schuld und Strafe aus diesen Satz so völlig angenommen, dass bekanntlich ein lebhafter Kampf um die Frage entbrannte, ob man es überhaupt verantworten könne, auch nur die rechtskräftige Geldstrafe in den Nachlass zu vollstrecken. Ich glaube, dass die Bedeutung des Todes in diesen Fragen überschätzt wird. Es handelt sich nicht um eine begriffliche Unmöglichkeit der Strafvollstreckung, welche er hervorbrächte, sondern nur um eine physische. Strafen, welche nicht einen lebenden Menschen voraussetzen, können auch ohne alle Schwierigkeit an einem Todten vollstreckt werden. Die mannigfachen Strafen, welche vergangene Jahrhunderte erst nach dem Tode aussprechen und vollstrecken liessen, stellen dies ausser Zweifel, und wenn jetzt z. B. der spanische Entwurf eine Ausstellung der Leiche eines Hingerichteten vorschlägt, so ist nicht abzusehen, weshalb das nicht nach dem Tode beschlossen und vollstreckt werden könnte. Wenn wir daher in unserm heutigen Recht dem Tode eine abschliessende Bedeutung beilegen, so treibt uns dazu nicht etwa eine begriffliche Notwendigkeit, sondern nur der Umstand, dass wir hohen Wert auf die Mitwirkung des Thäters zur Ermittlung der Wahrheit legen, und dass unser Strafensystem überwiegend aus solchen Strafen besteht, die zu ihrer Vollstreckung einen lebenden Menschen fordern. Bei der Geldstrafe ist dem nicht so; die vermögensrechtliche Seite überlebt den Menschen und wenn nicht das Bedenken der Feststellung wäre, so könnten wir, so gut wie die Römer, solche Strafklagen, welche die Habsucht mit Geldstrafen bedrohen, auch nach dem Tode anstellen. Wollte man im Ernst behaupten, dass für die Vollstreckung der Geldstrafe ein lebender Mensch erforderlich sei, so müsste man darauf Acht geben, im Fall des Zusammentreffens von Todes- und Geldstrafe die letztere zuerst zu vollstrecken, um sich nicht in die Lage der Unmöglichkeit der Bestrafung zu versetzen; so weit ist freilich m. W. Niemand gegangen.

Wenn das heutige Recht daher die Vollstreckbarkeit der rechtskräftig erkannten Geldstrafe in den Nachlass anordnet, so ist das eine mittlere Resultante aus der Möglichkeit der Betrafung und dem

Streben nach materieller Wahrheit. — Neuerdings hat Binding versucht, den Satz auf einem andern Wege zu rechtfertigen; das rechtskräftige Urteil, sagt er, habe die Strafforderung in eine publizistische Forderung umgewandelt und daraus erkläre sich die Vollstreckung gegen den Nachlass. Ich glaube nicht, dass damit das Richtige getroffen ist; soviel ich sehe, ist die Strafforderung von Anbeginn eine publizistische und sie erhält durch das Urteil auch keinen andern Charakter; sie wird nicht etwa in eine abstrakte Geldschuld ex re judicata umgewandelt, sondern sie behält auch nach dem rechtskräftigen Urteil ihren Charakter als Strafe; die mögliche Verwandlung in Freiheitsstrafe und der § 56 der Konkursordnung lassen darüber keinen Zweifel.

Allein die Frage der Geldstrafe und ihres Verhältnisses zum Tode berührt unsere Einziehung nicht. Der erste Entwurf hob noch hervor, dass er dem Vorbilde des preussischen Gesetzes folge und die Geltendmachung der Einziehung in den Nachlass bestimme; vom Standpunkt einer Nebenstrafe aus erschien der Satz in der That als eine Ausnahme, die besonderer Rechtfertigung bedurfte. Sobald man aber in der Einziehung die verwaltungsrechtliche Wegnahme einer bestimmten Sache erblickt, ist die Frage des Todes von selbst erledigt; der verwaltungsrechtliche Akt ist von Anfang an gegen eine Sache gerichtet, er ist daher vom Leben einer bestimmten Person völlig unabhängig.

Von diesem Standpunkt aus erklärt sich anstandslos, dass wir die Einziehung auch in der Hand des Civilrichters finden. Derselbe stellt den verwaltungsrechtlichen Akt dem Privatinteressenten zur Verfügung, nicht anders wie der Privatinteressent auch z. B. die Vernichtung der Marken oder der Waaren herbeiführen kann.[1] Dass es sich um den Schutz von Einzelinteressen handelt, macht nicht etwa die zu diesem Schutz verwandte Massregel zu einer privatrechtlichen, sondern es zeigt nur, dass diese Einzelinteressen dem Gesetzgeber wichtig genug erscheinen, um dem Berechtigten die thatsächliche Macht des Staates zur Verfügung zu stellen.

---

[1] Markenschutzgesetz 30. Nov. 1874 § 17.

Damit ist zugleich das Bestreben erklärt, welches sich in der Praxis kundgiebt: das Bestreben nach Ausdehnung des objektiven Verfahrens auf Fälle, welche dem Buchstaben des Gesetzes zufolge nicht unter dasselbe fallen würden. Nach dem § 42 sollte ein objektives Verfahren nur stattfinden, falls es sich um Einziehung von Mitteln oder Früchten handelte und § 477 ff. der StPO. führen ein besonderes Verfahren genau genommen nur für eben diese Fälle und diejenigen ein, in welchen die Landesgesetze eine selbständige Einziehung gestatten. Nicht selten aber fehlen in den Landesgesetzen die erforderlichen Sätze. Sogar auf dem Gebiet des französischen Rechts, welches, wie gesagt, eine eigenmächtige Einziehung durch die Polizei überhaupt nicht kennt, unterlässt es der Gesetzgeber gelegentlich, ausdrücklich zu sagen, dass auf die Einziehung selbständig erkannt werden könne.[1] Andererseits ist zweifellos der gleiche Grund, der überhaupt zum objektiven Verfahren geführt hat, auch bei denjenigen Einziehungen zutreffend, die neben Übertretungen gedroht und doch nach § 42 Strafgesetzb. dem objektiven Verfahren nicht unterworfen sind. Das Berliner Obertribunal hat versucht, durch ausdehnende Interpretation die Vorschrift des § 42 auch auf die Übertretungen anzuwenden,[2] aber diese Interpretation ist nur aufs Neue ein Zeichen, dass man es mit einer Strafe überhaupt nicht zu thun hat. Das Bedürfnis treibt zu Schritten, die kein Richter für erlaubt halten würde, sobald es sich wirklich um eine Strafe handelte. Jetzt geht man den sachlich richtigen Weg, schiebt die Qualität der angeblichen Strafe mit ihrer hindernden Strenge zur Seite und bekundet dadurch unbewusster Weise, dass man es nur mit der richterlichen Gestattung einer Verwaltungsmassregel zu thun hat, die ohne diesen Richterspruch auch in Scene

---

[1] So hat z. B. das elsass-lothr. Jagdpolizeigesetz vom 7. Mai 1883 kein objektives Verfahren, im Gegensatz zum Forststrafgesetz vom 28. April 1880.

[2] Goltdammer's Archiv 25, 49. Preuss. St.-G.-G. 20 habe sich auf Übertretungen ebenfalls bezogen, der zweite Entwurf habe das objektive Verfahren vom Tod auf alle Fälle der Unmöglichkeit erweitert, namentlich zur Verhütung fernerer Verbrechen; damit stehe im Widerspruch, anzunehmen, dass der Gesetzgeber die Einziehung im objektiven Verfahren auf Verbrechen und Vergehen habe beschränken wollen. Die Gründe passten ganz besonders für die Fälle der Übertretung; gegenüber dem klaren Sinn falle der Wortlaut nicht ins Gewicht.

gehen könnte. Und wenn wir von hier aus auf die Motive zurückblicken, so ist es unverkennbar, dass auch dem Gesetzgeber sachlich etwas vorschwebte, was mit einer Strafe nichts gemein hat und was von ihm nur mit Rücksicht auf die überkommene Ausdrucksweise als «Nebenstrafe» bezeichnet wurde. Denken wir uns einmal diese Bezeichnung hinweg, und prüfen wir das, was die Motive als sachliche Charakterisierung hinzufügen: es soll sich die Einziehung dadurch rechtfertigen, dass sonst die zu verbrecherischen Zwecken bestimmten Gegenstände, wie z. B. Formen für Münzfälschungen, die fernere Begehung von Verbrechen leicht ermöglichen könnte; das Strafgesetz habe die Pflicht, dem soweit es dies vermöge vorzubeugen. So sagen die Motive des ersten Entwurfs; die des zweiten führen aus, dass die Einziehung «zur Sicherung des Strafzweckes dienen und insbesondere zur Verhütung fernerer strafbarer Handlungen mitwirken soll» und sie sagen zu § 41: «In weiterer Anerkennung des Grundsatzes, dass die Einziehung . . . in der Hauptsache eine Präventivmassregel sein soll». Das sind Ausführungen, von welchen zu dem an die Spitze gestellten Begriff einer Strafe durchaus nicht zurück zu gelangen ist. Nehmen wir hinzu, dass der Gesetzgeber freilich die Einziehung unter der Rubrik der Strafen behandelt hat, dass aber anerkanntermassen diese Rubrizierungen nur a potiori erfolgt sind, dass er nirgends die Einziehung direkt als Strafe bezeichnet, vielmehr sie in § 42 unter der Bezeichnung Massnahme aufführt, — nehmen wir dies alles zusammen, so können wir wohl unbedenklich behaupten, dass dem Gesetzgeber nur eine traditionelle Bezeichnung anhaftete, während sachlich ihn das richtige Gefühl leitete, mit einer Massregel des Verwaltungsrechts zu thun zu haben.[1]

Damit ist zugleich eine willkommene Lösung für die Frage gewonnen, wie man die gerichtliche Einziehung in denjenigen Fällen zu erklären habe, in denen sie mit andern Rechtsvorschriften in völligen Widerspruch tritt. Die Gerichte sprechen eine Einziehung aus, während sie wissen, dass dieselbe gar nicht möglich ist, sie erkennen so viele Male auf Einziehung desselben Gewehrs, als sie

[1] Der Pariser Kassationshof sagt am 6. März 1856, die Konfiskation sei «une mesure de police préventive plutôt qu'une peine proprement dite», aber er schwankt in seiner Bezeichnung und Chauveau, 1, 220 (5) erklärt jene Wendung für «contraire à toute la jurisprudence».

überhaupt über Jagddelikte zu erkennen haben;[1] sie würden unbedenklich das Gewehr einziehen lassen, welches der Wilderer kurz vorher dem Forstpolizeibeamten gestohlen hätte, sie würden ebenso das militärische Dienstgewehr nicht schonen, falls dasselbe zum Wildern missbraucht sein sollte. Das Gesetz kennt keine Ausnahme, also macht auch das Gericht keine Ausnahme. Aber die Verwaltungsbehörde würde mit ihrer elastischen Natur dieses formale Recht in ein materielles verwandeln, sie würde das militärische Dienstgewehr ohne Weiteres trotz des Urteils auf Einziehung dem Truppenteil wieder zuführen und sie würde auch wissen, den allgemeinen Satz der Einziehung in Einklang zu bringen mit dem ebenso allgemeinen Satz des § 111 der St.-P.-O., nach welchem Gegenstände, welche durch die strafbare Handlung dem Verletzten entzogen wurden, diesem von Amtswegen zurückzugeben sind, falls nicht Ansprüche Dritter entgegen stehen.

Wir haben gesehen, dass die Einziehung überall nichts ist als die endgültige Wegnahme einer Sache durch die Verwaltungsbehörde. Es gilt nun die Probe zu machen; ist unsere Begriffsbestimmung richtig, so muss die Wirkung der Einziehung sich auch nur darin zeigen, dass ein Gegenstand der thatsächlichen Macht, der via facti der Staatsgewalt unterworfen wird; über die Frage, was die Staatsgewalt mit diesem Gegenstande machen solle, zu welchem Zweck er ihr überantwortet wird, über diese Frage kann die Einziehung, wenn wir sie richtig erfasst haben, uns keinen Aufschluss gewähren, sie lässt sich lediglich aus Gründen beantworten, welche neben der Einziehung zur Geltung kommen. Die Behörde wird z. B. verbotener Weise gefangene Singvögel oder von Kindern gequälte Insekten in Freiheit setzen, sie wird umhertreibende Hunde töten, infizierte Kleidungsstücke verbrennen, unreifes Obst vernichten, unzüchtige Schriften oder unerlaubt fabriziertes Papier einstampfen, verbotene Waffen zerstören, andere Gegenstände, vielleicht entformt, veräussern, — das alles sind Fragen des innern Verwaltungsdienstes, die durch Reglements und Dienstinstruktionen für jeden einzelnen Staat festgestellt sind.[2]

---

[1] Reichsgerichts-Entscheid. 10, 140.

[2] Vgl. z. B. Preussen Minist. Bl. 1843, 45. 204; 1853, 256. Vfg. vom

Diese Vorschriften bringen vielleicht Sätze des Civilrechts zur Geltung. Häufig wird die Behörde gehalten sein, den eingezogenen Gegenstand in natura einem nach Civilrecht Berechtigten zuzuführen, insbesondere ihn in das Vermögen des Staats, den Fiskus hinüber zu leiten; man muss sich aber davor hüten, dieser letzten Möglichkeit einen entscheidenden Wert einzuräumen, wozu der frühere Ausdruck: Konfiskation ja in gewissem Grade verleitet; es ist nicht Sache der Einziehung, begrifflich oder auch nur im Zweifelsfall, dem Staatsvermögen Gegenstände zuzuführen, sie kann ebensogut den Zweck verfolgen, einen Gegenstand extra commercium zu bringen, ihn jedem Eigentum, also auch dem des Staates, zu entziehen.

Dadurch tritt denn auch die Vollstreckung der Einziehung in die ihr gebührende Stellung. Dieselbe hat den Anhängern der Straftheorie unübersteigliche Schwierigkeiten geschaffen, so dass sie sich sogar dazu haben verleiten lassen, in der Einziehung eine Strafe zu erblicken,[1] die das Eigentümliche habe, keiner Vollstreckung zu bedürfen, da sie im Richterspruch bereits vollstreckt sei! Oder man hat die Vollstreckung auf den Civilweg verwiesen, entweder so, dass man die Grundsätze über civilprozessuale Zwangsvollstreckung zur Anwendung bringen wollte, oder gar so, dass man die Vollstreckung der Einziehung einem neuen besonderen Civilprozess zuwies, für welchen das Strafurteil nur den Titel abgeben sollte. Richtiger Weise besteht die Vollstreckung unter allen Umständen in der thatsächlichen Wegnahme, welche entweder in Gestalt der Beschlagnahme der richterlichen Entscheidung vorangeht oder derselben in der gleichen thatsächlichen Weise folgt.[2]

---

15. März 1837; Vfg. 29. Sept. 1842; Kreisordnung 13. Dezember 1872 § 73; Vfg. von 1844, 46. 55; bei Liman preuss. Strafproz. S. 303; Ges. 26. März 1856 § 1, 2; Regl. 30. Sept. 1852 § 10: Ist die Strafe .. auch Konfiskation des Gegenstandes, so ist neben der Strafe auch die Konfiskation .. auszusprechen, ib. § 16. 18, 28.

[1] z. B. Heinze in Goltdammer's Archiv 5. 178; Kohler Patentrecht S. 575.

[2] Preuss. Justiz-Ministerialblatt 1860 S. 435; Preuss. Regl. v. 30. Sept. 1852 § 18: «So ist der zu konfiszierende Gegenstand, wo dies nicht geschehen sein sollte, durch den Amtsdiener in Beschlag zu nehmen und demnächst demjenigen zu übergeben, welchem dergleichen Konfiskate zustehen».

Das Gericht hat demgemäss nur auf die Einziehung zu erkennen, während der Zweck der Einziehung verwaltungsweise bestimmt wird und sich daher reichsrechtlich und insbesondere strafrechtlich nicht bestimmen lässt. Nur ausnahmsweise ist dies anders; ausnahmsweise greift das Reichsrecht über die Einziehung hinaus und bestimmt auch den Zweck derselben, indem es den Richter anweist oder ermächtigt, die Vernichtung oder Unbrauchbarmachung von Gegenständen auszusprechen. Das liesse sich denn in der That als eine qualifizierte Einziehung bezeichnen, denn zweifellos ist stets die Einziehung nötig, ehe man zu einer Vernichtung kommen kann.[1] Und in gleicher Weise ist auch in der Unbrauchbarmachung die endgültige Wegnahme der betreffenden Sache enthalten, die nach ihrer Entformung als eine rechtlich andere zurückgegeben wird. Die Kürze des gesetzlichen Ausdrucks kann nicht den Glauben begründen, als ob es möglich wäre, die Sache zu vernichten oder unbrauchbar zu machen, ohne dass man sie vorher endgültig genommen hätte.

Wir haben gefunden, dass unsere Auffassung der Einziehung für dieselbe einen einheitlichen Inhalt liefert, der auch ohne Bedenken uns durch die Phase der Vollstreckung führt. Ein Punkt bedarf jetzt aber noch näherer Erörterung: Wessen Sache darf eingezogen werden?

Wo eine der Sache selbst innewohnende Eigenschaft zur Einziehung führt, da erledigt sich unsere Frage von selbst, die Person des Besitzers resp. Eigentümers würde einflusslos sein, der Staat so gut wie der einzelne Bürger oder die Gemeinde, der Inländer wie der Ausländer, alle wären in gleicher Weise der Einziehung ausgesetzt. Dasselbe gilt, sobald das Gesetz ausdrücklich vorschreibt, dass die Einziehung erfolgen soll ohne Unterschied ob die Gegenstände dem Thäter gehören oder nicht. Allein sobald das Gesetz fordert, dass die einzuziehende Sache dem Thäter gehöre, dann wird die Frage verwickelter, denn offenbar sind dann Verwaltung

[1] Bayer. Polizeistrafges. 26. Dezbr. 1871 § 71 «die zur Vernichtung bestimmten Gegenstände werden eingezogen». Vgl. Mayer in Goltdammer's Archiv 31 S. 43, Jastrow daselbst 33 S. 51 ff.

wie Justiz in die Lage versetzt, über das Eigentum an der fraglichen Sache zu entscheiden. Für die Verwaltungsbehörde würde kaum ein ernstes Bedenken entstehen, sie würde sich aus den Anhaltspunkten des einzelnen Falles, vielleicht aus der richterlichen Entscheidung ihre Meinung bilden und danach einziehen oder nicht einziehen. Und wenn sie eingezogen hätte und es ihr später klar würde, dass sie irriger Weise eine fremde, der Einziehung nicht unterliegende Sache eingezogen hätte, so würde sie dieselbe wiederum herausgeben, so lange die Sache sich noch in natura bei ihr befände; wäre indess die Sache bereits vernichtet oder einem andern Berechtigten zugeführt, so würde die Verwaltungsbehörde die Achseln zucken und sich hinter die bona fide erfüllte Aufgabe verschanzen. Hätte sie endlich Zweifel an den Ansprüchen des Dritten, so würde sie das Ergebnis einer Beschwerde oder eines Civilprozesses auf Herausgabe abwarten. Der Strafrichter aber steht in einer peinlicheren Lage, er muss sich richterlich davon überzeugen, dass die Sache im Eigentum des Thäters steht und sein einmal gefällter Spruch auf Einziehung ist für ihn nicht mehr abänderlich.

Stellen wir uns nun in die Lage eines Dritten, dessen Sache Gefahr läuft eingezogen zu werden, etwa schon in Beschlag genommen ist. Man sagt uns, er habe keinerlei Möglichkeit, sich vor der Hauptverhandlung Gehör zu schaffen, ohne dass man uns darüber aufklärte, was denn aus ihm werden soll, wenn etwa der Ausschluss der Öffentlichkeit ihm den Zutritt zur Hauptverhandlung abschneidet. Diese Argumentation ist durchaus formaler Natur, sie lehnt sich daran an, dass der Dritte zwar einer Einziehung entgegensehe und daher auch verständigerweise irgendwo zu Gehör kommen müsse, dass aber in der Strafprozedur hierfür eigne Vorkehrungen nicht getroffen seien. — Sobald wir von der verwaltungsrechtlichen Natur der Einziehung auf sie zukommen, beantwortet sich die Frage durchaus anders. Der nicht beteiligte Eigentümer würde sich ohne Weiteres an die verschiedenen Verwaltungsbehörden wenden und sich bemühen, denselben sein Eigentum darzuthun. Das könnte dazu führen, dass ihm gleich hier versichert würde, dass man sein Eigentum anerkenne, dass er sich nur mit der Beschlagnahme versöhnen müsse, da es sich um Beweiszwecke handle, dass man dafür sorgen werde, dass er seine Sache zurückerhalte, sobald die Beweisfrage erledigt sei. Aber nichts hielte auch den Eigentümer ab, sich daneben oder ausschliesslich an den Richter zu wenden und sein durch Einziehung nicht verletzbares Eigentum zu dem Zweck zu betonen, den Richter von dem Erkenntnis auf Einziehung abzuhalten. Solches Angehen des Gerichts bedarf einer ausdrücklichen Erlaubnis des Gesetzes nicht, der Richter wäre verpflichtet, das ihm etwa schriftlich vorgelegte Material in Betreff des Eigentums wie jedes andere Beweismaterial unter der Garantie seines Richtereides zu prüfen.

Für den Strafrichter bildet diese Frage des Eigentums einen incidirenden Civilpunkt; er kann also denselben entscheiden, aber er liefert über ihn keinen der Rechtskraft fähigen Spruch, durch welchen etwa ein oder gar alle Dritte ihr Eigentum an dieser Sache einbüssen könnten. Ebensowenig enthält die Einziehung eine Vernichtung jedes Privateigentums, sie erfolgt in diesen Fällen vielmehr unter der ausdrücklichen Voraussetzung, dass die Sache dem Thäter gehöre. Es folgt daraus, dass der Staat nachträglich im Wege eines gewöhnlichen Civilprozesses zur Herausgabe des Eigentums verpflichtet erklärt werden könnte. Das würde unter Privaten auch eine Entschädigungspflicht mit sich bringen, der Staat ist aber bekanntlich heut zu Tage noch nicht geneigt, die Irrtümer seiner Beamten auf die Staatskasse zu übernehmen.

Der Strafrichter könnte aber auch die Entscheidung dieses Civilpunkts in anderer Weise regeln; ein Ediktalproklam zu erlassen würde die nötige Eile des Strafverfahrens ihm voraussichtlich unmöglich machen, aber möglicher Weise hätte die Verwaltungsbehörde ihm in dieser Richtung schon den Weg geebnet; vielleicht machte der Richter seinen Zweifeln hinsichtlich des Eigentums dadurch ein Ende, dass er nicht auf Einziehung erkennte — vielleicht auch wartete er den Ausgang eines Civilprozesses über die Eigentumsfrage ab, um wenn auch nicht gegen alle, so doch wenigstens gegen diesen Dritten gesichert zu sein. Allein wenn er auch einem solchen Urteile folgte, so würde diese Basis ihm doch wieder entwunden werden können, wenn im Civilwege später ein entgegenstehendes Urteil erginge.

Wenn man diesen Fragen vom Standpunkt einer Strafe aus gegenübertritt, so wird man dazu gedrängt, ihre Lösung im § 399,4 der Strafprozessordnung zu suchen und eine Wiederaufnahme um der Einziehung willen herbeizuführen. Vom Standpunkt des Verwaltungsrechts aus löst sich Alles einfach dahin auf, dass die Verwaltungsbehörde die ihr zugesprochene Einziehung nicht vollzieht oder so gut wie möglich rückgängig macht, ohne dass die Existenz des Urteils ihr im Wege stände.

Wir haben gesehen, dass für die Einziehung entsprechendenfalls das Eigentum des Thäters erforderlich ist; es fragt sich jetzt, welcher Zeitpunkt dafür entscheidend sein soll. Diese Frage ist durchaus bestritten: die Einen wollen den Zeitpunkt der That, die Andern den des Urteils, wieder Andere den der Rechtskraft entscheiden lassen. Die Frage ist offenbar nur für diejenigen Fälle von Bedeutung, in denen weder aus der Eigenschaft der Sache noch aus der Vorschrift des Gesetzes sich eine absolute Einziehung ergiebt, sondern das Eigentum des Thäters vom Gesetz gefordert wird. Auch ist der Sinn der Frage der, ob spätere Dispositionen des Thäters Berücksichtigung finden sollen; die Möglichkeit, dass der Thäter eine der Einziehung z. B. als Mittel zu unterziehende Sache erst nach der That eigentümlich erwerbe, ist ja allerdings vorhanden, sie wird aber thatsächlich so selten sich ereignen, dass sie ausser Ansatz bleiben mag. Es fragt sich daher, findet die Einziehung auch dann Platz, wenn der Thäter den fraglichen Gegenstand nach der That veräussert hat?

Diese Frage lässt sich mit den Sätzen unseres Reichsrechts nicht beantworten, der Gesetzgeber hat sie unerledigt gelassen und alle Versuche, sie einheitlich zu beantworten, müssen von vornherein als erfolglos angesehen werden. Sie lässt sich vielleicht an der Hand des Landesrechts beantworten, falls dasselbe Vorschriften darüber enthält, unter welchen Voraussetzungen und von welchem Zeitpunkt an das Eigentum an den fraglichen Gegenständen auf einen Andern übergeht und inwieweit gutgläubige Erwerber rechtlich geschützt werden sollen, obgleich ihr Erwerb nur auf Kosten des bisherigen Eigentümers aufrecht erhalten werden kann. Landesrechtlich würde denn auch das Material für die Frage gegeben sein, ob der Thäter oder Dritte sich durch Vernichtung der Sache privatrechtlich verantwortlich machen. Das deutsche Civilgesetzbuch wird uns darüber Aufschluss geben und voraussichtlich den Eigenthumserwerb in die Beschlagnahme legen, die Vernichtung erst nach der Beschlagnahme Entschädigungspflicht erzeugen lassen und den bona fide Erwerber titulo oneroso gegen die Einziehung schützen, selbst dann, wenn eine Fraus des Thäters angenommen wäre. Der römische Fiskus war kühl genug, sogar dem rechtmässigen Gläubiger seine Bezahlung wiederum abzujagen, so lange der gemeinschaftliche Schuldner noch nicht den Staat befriedigt hatte, der unglückliche Gläubiger mochte sich freuen, dass er nicht auch noch Zinsen von dem rechtmässig eingenommenen Gelde an den Fiskus zu zahlen hatte;[1] heut zu Tage sind wir fiskalischen Ansprüchen nicht in dem Grade geneigt.

Immerhin bleibt es seltsam, dass der Gesetzgeber es nicht der Mühe wert erachtete, in dieser Hinsicht einheitliches deutsches Recht zu schaffen. Dieses Schweigen dürfte sich daraus erklären, dass man sich unwillkürlich auf die Beschlagnahme der Gegenstände verlassen hat. Thatsächlich werden regelmässig die betreffenden Sachen in den Händen der Behörden sein, ehe noch die Einziehungsfrage gestellt wird. Freilich hebt man hervor, dass die Beschlagnahme kein Veräusserungsverbot bringe, und dass der Thäter daher trotz der Beschlagnahme verfügungsfähig bleibe; dabei darf man jedoch nicht übersehen, dass die Beschlagnahme nur ein strafprozessualer Ausdruck für den Arrest ist, und dass daher alle Verfügungen, mögen sie auch rechtlich zulässig sein, doch auf keine Realisation rechnen können, die mit der Beschlagnahme in Widerspruch stände. Dieses Ergebnis lässt sich erreichen, ohne die subjektive Fähigkeit des Betreffenden zu beeinträchtigen.[2] Regelmässig wird die Beschlagnahme thatsächlich alle Zweifel lösen und daraus meine ich erklärt es sich, dass der Gesetzgeber die spärlichen Fälle nicht besonders berücksichtigt hat, in welchen sich zwischen die That und die Beschlagnahme Verfügungen des Thäters hinein schieben.

---

[1] L. 18 § 10; l. 19 de jure fisci 49, 14.

[2] Hätte der Gesetzgeber sich das klar gemacht, so würden seine Vorschriften über Güterbeschlag und Beschlagnahme einfacher und harmonischer ausgefallen sein.

Da die Einziehung die endgültige Wegnahme einer Sache ist, so fordert sie notwendiger Weise ein Sachindividuum. Vertretbarkeit, Interesse, Wert sind daher der Einziehung fremd, sie kann weder durch Interesseleistung, sei es von dem Betreffenden, sei es von einem Dritten vermieden, noch kann sie selbst auf das Interesse an Stelle der Sache geleitet werden.

Goltdammer[1] will hierin eine Eigentümlichkeit des deutschen Rechts erblicken, das französische Recht lasse zu, an die Stelle der Sache deren Wert zu setzen. Dies ist jedoch in solcher Allgemeinheit nicht richtig, vielmehr hat das französische Recht nur in einem Falle eine gewisse Ausnahme aufgestellt, die ihre eigentümliche Geschichte hat; bei dem Jagddelikt wird das Gewehr nicht eingezogen, sondern es werden statt dessen 50 Franken gezahlt. Nach einer Ordonnanz von 1669 durften die Waldhüter keine Gewehre tragen, sondern nur zu ihrem persönlichen Schutz mit Gürtelpistolen versehen sein. Man wollte sie nicht in die Lage versetzen, den vornehmen Jagdfrevlern nötigenfalls mit Gewalt zu begegnen; ein Reglement von 1674 verbot den Wächtern ausdrücklich, dem Thäter das Gewehr abzunehmen und wo diess dennoch geschehen war, hielten gerichtliche Beschlüsse die Wächter zur Rückgabe an. So hat sich im französischen Recht der Satz gebildet, dass die Forstbeamten das Gewehr in den Händen des Thäters mit Beschlag belegen und ihn verpflichten, dasselbe vor Gericht zu bringen; kommt er dieser Pflicht nicht nach, so soll das Gericht ihn verurteilen, das Gewehr vorzulegen oder den Wert zu zahlen, den das Urteil bestimmen und der nicht unter 50 Franken betragen soll. In der Praxis hat sich festgesetzt, dass diese Minimalsumme als regelmässige Taxe erscheint für denjenigen, der sein wertvolleres Gewehr zu behalten wünscht. Das Ganze stellt sich als eine Konzession des Gesetzes an die heissblütige Empfindlichkeit der Jagdfrevler heraus, von denen man Gewaltthätigkeiten besorgt, wenn die Wächter ihnen gegenüber vorgehen würden. Für Elsass-Lothringen ist der Satz vom Reichs-Oberhandelsgericht auf Grund von 295 St. G. B. beseitigt worden.[2]

---

[1] Materialien 1, 198.

[2] Vgl. Boutaric, droits seigneuriaux S. 542 ff.; Chardon, droit de chasse

Ich wiederhole, die Einziehung kennt kein Eingehen auf das Interesse oder den Wert der Sache, und hier tritt ein Unterschied zwischen ihr und der früheren Konfiskation zu Tage, dessen man sich kaum bewusst worden ist, als man den Ausdruck wechselte und zu der Bezeichnung Einziehung überging. Die Konfiskation hatte ursprünglich selbstverständlich den Sinn, dass die Gegenstände in das Vermögen des Staates, in den Fiskus gebracht wurden. Allmählich verlor man jedoch dieses Verhältnis völlig aus den Augen, Gesetze sprachen ohne Weiteres von einer Konfiskation zu Gunsten der Armenkasse oder des Jagdberechtigten[1], Schriftsteller stellten fiskalische Konfiskationen auf, kurzum der Sprachgebrauch des täglichen Lebens fand Anerkennung: was dem Einzelnen auf Nimmerwiedersehen genommen wurde, das sah man als «konfisziert» an, bis in die Schulstube hinunter. Aber das Wort behielt doch immer seine Fähigkeit, den Erwerb des Staates zu bezeichnen. Dazu ist die Einziehung nicht im Stande; sie ist wohl tauglich, ein auf anderem Grunde ruhendes Eigentumsverhältnis thatsächlich durchzuführen, aber einen Erwerbstitel kann sie nicht bezeichnen; sie bleibt immer nur ein Weg, ein formelles Mittel, während die Konfiskation auch ein materielles Recht enthalten konnte. Der Strafrichter, welcher die Konfiskation aussprach, anerkannte damit entsprechendenfalls das Eigentum des Staats; der Strafrichter, welcher auf Einziehung erkennt, kann das nicht, er gestattet nur die via facti der Staatsverwaltung. Was für den Staat konfisziert werden sollte, konnte daher mit allen möglichen Mitteln erfasst werden, was eingezogen werden soll, kann das nicht. Dem Einen steht auch der Civilprozess offen, dem Andern nicht; das Eine kennt daher entsprechendenfalls das Interesse, den Wert, das Andere niemals.

Eine konkrete Sachlage mag das veranschaulichen. Nach preussischem Recht sollten alle Früchte und Mittel des Verbrechens konfisziert werden; im Jahre 1846 wurde auf Grund einer Kabinetsordre erörtert, ob man nicht vorschreiben wolle, dass bei unmöglicher Konfiskation auf den Wert zu erkennen sei. Die Ministerien

S. 242; Gesetz vom 3. Mai 1844, Art. 16; R. O. H. G. Entscheid. vom 6. Sept. 1876 in jurist. Zeitschr. 1877, S. 161.

[1] z. B. badisches Strafgesetzbuch 652.

der Justiz und der Finanzen verneinten die Frage, weil die Behörden zu sofortiger Beschlagnahme verpflichtet seien; dieser Pflicht würden sie nachkommen; dass der Thäter ihnen die Sache wieder entziehe, sei nicht wahrscheinlich, eventuell habe alsdann der Fiskus seine Entschädigungsklage.[1] Die Macht der Thatsachen, das Gewicht der regelmässigen Beschlagnahme war offenbar gross genug, um den Sinn der gestellten Frage völlig zu verschleiern. Die Frage geht darauf hinaus, ob man nicht auf den Wert erkennen lassen solle, wenn man die Sache nicht in natura haben könne; die Antwort lautet, wir werden sie durch Beschlagnahme in natura haben! als ob die Unmöglichkeit der Beschlagnahme nicht gerade für die Frage vorausgesetzt wäre. Mittel und Früchte fallen nach preussischem Recht eo ipso, d. h. mit der Begehung des Delikts, ins Eigentum des Staates,[2] liefert der Thäter sie nicht aus, so steht er vor der Frage des Civilrechts, inwieweit diese Vorenthaltung fremden Eigentums ihn zur Leistung des Interesses verpflichtet. Dieses Eigentum konnte der Staat im Strafverfahren geltend machen; aber wenn es aus irgend einem Grunde nicht zur kriminellen Prozedur kam, so stand dem Staat ebenfalls der Civilweg für sein ex delicto erworbenes Eigentum ohne Weiteres offen. Die Vorschrift der Konfiskation enthielt also Eigentumserwerb des Staates ohne Rücksicht auf die Art der Geltendmachung.

Mit der Einziehung des heutigen Strafrechts ist das anders, sie enthält eine Art der Geltendmachung, aber keinen Eigentumserwerb. So entsteht eine seltsame Kollision zwischen Reichsrecht und preussischem Recht; das Reichsrecht gestattet nur eine beschränkte, überdies fakultative Einziehung von Früchten und Mitteln, das preussische Recht lässt alle Mittel durch die Begehung der That in das Eigentum des Staates übergehen. Es fragt sich: besteht etwa noch das Recht des preussischen Fiskus auf Eigentum an denjenigen Früchten und Mitteln, welche der Strafrichter nicht einzieht? Diese Frage ist m. Er. zu verneinen. Das Strafgesetzbuch hat seine Vorschrift zu dem Zweck aufgestellt, um abzugränzen, was dem Privaten auf Grund strafrechtlichen Zusammenhangs entzogen werden darf; die

---

[1] Goltdammer, Materialien 1, 198 ff.

[2] vgl. Sächs. bürg. Gesetzbuch § 237. 243. 258.

weiter gehenden Rechte der einzelnen Staaten sind daher zerstört und es ist durch strafrechtliche Vorschrift das Eigentum des preussischen Staates, so weit es dieser Vorschrift widerspricht, vernichtet. Das preussische Strafgesetzbuch hat das selbst in ähnlicher Weise mit dem Eigentum des Jagdberechtigten gethan; nach früherem preussischen Recht fiel das Gewehr, dessen man beim Betreten des fremden Jagdgrundes verlustig gehen sollte, dem Jagdberechtigten zu,[1] das preussische Strafgesetzbuch hat dieses Eigentum vernichtet durch die Vorschrift in § 277, dass das Gewehr dem Fiskus zuzusprechen sei. — Es fragt sich weiter: bleibt hinsichtlich der vom Strafrichter im Urteil eingezogenen Gegenstände das Eigentum des preussischen Fiskus bestehen? Diese Frage ist m. Er. zu bejahen. Der Eigentumserwerb ist durch das Reichsrecht an die Bedingung eines strafrichterlichen Urteils geknüpft worden, aber so weit der Strafrichter auf Einziehung erkennt, so weit wird nur das Eigentum des Fiskus zur Anerkennung gebracht, dessen Quelle der Rechtssatz ist, dass der Staat durch das Delikt die betreffenden Gegenstände erwirbt. Dieser Rechtssatz ist durch das Reichsrecht nicht aufgehoben, sondern nur in seinem Umfang beschränkt, und für das preussische Civilrecht wird daher durch den Richterspruch die Bedingung des gesetzlichen Eigentums erfüllt. Schliesst sich an diesen Richterspruch die wirkliche Einziehung an, so enthält dieselbe demnach die Realisation eines Eigentums, welches kraft gesetzlicher Vorschrift im Augenblick des Delikts an die Stelle des Eigentums des Thäters getreten ist. Hier haben wir den Grund vor uns, der uns hindert, in der Einziehung die Vernichtung des Privateigentums zu erblicken;[2] eine solche Definition böte für unsern Fall gesetzlicher Vernichtung keinen Raum und wir müssen daher daran festhalten, dass die Einziehung nur die endgültige Wegnahme enthält. — Es fragt sich endlich: steht dem preussischen Staat hinsichtlich seines Eigentums an Früchten und Mitteln noch wie früher der Civilweg offen? Diese Frage ist m. Er. zu verneinen. So weit ein Eigentum des preussischen Fiskus an Früchten und Mitteln noch besteht, so weit ist er auf den Weg des Strafverfahrens ausschliess-

[1] § 319 A. L. R. 2, 20; Minist.-Rescr. 23. Juni 1804; 30. Mai 1837.

[2] Laband in Archiv f. civil. Praxis 52 S. 178.

lich gewiesen; die Einrichtung des objektiven Verfahrens kann nur den Sinn haben, die Geltendmachung der Ansprüche auf der Einziehung unterliegende Gegenstände nur in diesem objektiven Verfahren zu gestatten. Den in den alten Konfiskationsvorschriften enthaltenen Eigentumserwerb Seitens des Staates mit der Möglichkeit selbständiger Verfolgung im Civilprozess hat man demnach durch die jetzige Einziehung ausgeschlossen. Um so mehr hätte man dafür Sorge tragen sollen, in allen Fällen das objektive Verfahren zu ermöglichen. Der § 42 St. G. B. hätte richtiger Weise lauten sollen: «Ist die Verfolgung oder Verurteilung einer bestimmten Person nicht ausführbar, so kann auf die gesetzlich gedrohte Einziehung, Vernichtung oder Unbrauchbarmachung selbständig erkannt werden».

Einen Punkt haben wir bislang ausser Betrachtung gelassen, nämlich den Fall der Bestechung, für welchen § 335 des Strafgesetzbuchs vorschreibt, dass im Urteil das Empfangene oder der Wert desselben für dem Staat verfallen zu erklären ist. Manche behaupten, in diesem Eintreten des Werts offenbare sich der Strafcharakter;[1] auch das Reichsgericht scheint dieser Auffassung nicht abgeneigt, da es die Vorschrift als eine qualifizierte Einziehung bezeichnet.[2] Um den richtigen Gesichtspunkt für diese Frage zu gewinnen, müssen wir etwas weiter ausholen.

Das römische Recht giebt zwar dem Träger von Vermögensrechten regelmässig unbeschränkte Gewalt, es zieht aber doch auch gewisse Grenzen, indem es Handlungen abwendet oder ahndet durch Verlust des Vermögensrechts. So verliert der Miteigentümer sein Eigentum, wenn er die vorgenommene Reparatur dem Condominus nicht erstattet, so soll der Entführer sein ganzes Vermögen an die Entführte[3], der Latitirende an seinen Stellvertreter im Magistrat[4]

---

[1] vgl. z. B. Berner Lehrb. (14) S. 220; Wahlberg in Holtzendorffs Hdb. d. Strafproz. 2, 514; Jastrow in Goltdammer's Archiv 33, 60.

[2] Entscheid. 12 S. 75. Das Gericht sagt, wenn dieser Verfall nicht unter Einziehung falle, hätte die Ausnahme im Gerichtsverfassungsg. § 75 Ziffer 14: dass Fälle des § 331 St. G. B. nicht verwiesen werden dürften, keinen Sinn. Aber so viel ich sehe, ist dafür überhaupt nicht die Einziehung in Frage, sondern das Strafmass von Gefängnis bis zu 6 Monaten, welches die Verweisungsgrenze bildet und von welcher 331 ausgenommen wird, obgleich er ihr entspricht.

[3] l. un. § 1 C. de raptu virg. 9, 13.

[4] l. 18 C. de decur. 10, 31.

verlieren, der ager desertus geht unter gewissen Bedingungen in das Eigentum des Bebauenden über, die poenae secundarum nuptiarum, der verbotenen Ehe [1], der Verlust des Anspruchs bei Selbsthülfe, bei verbotener Cession, bei Übernahme der Vormundschaft über den Schuldner, — das sind Fälle, in welchen Vermögensbestandteile aus dem Vermögen des Einen gesetzlich in das Vermögen eines Andern übergeführt werden. Ausgedehnter noch sind die Vorschriften, welche solche Wirkung zu Gunsten des Fiskus vorschreiben, der Staat regelt Handel und Wandel durch das Mittel des Vermögensverlustes, insbesondere wo es sich um Verstösse gegen seine Regalien oder Monopole handelt. So führt verbotene Waare das Schiff dem Fiskus zu, [2] die Verheimlichung des Schiffes oder unerlaubte Dimensionen [3] machen dasselbe zu einem Teil des Staatsvermögens, Sachen die der Private einem fabricensis übergiebt zur Bearbeitung oder Verwaltung, werden Staatsgut, [4] Gold bei den Barbaren [5] nimmt der Fiskus an sich, Waffen, Gewebe gewisser Art [6] duldet der römische Staat nicht im Privatbesitz, alles Vieh, welches auf Staatsgrund getrieben wird, fällt an den Staat, [7] der Grundherr, der einen Deserteur beherbergen lässt, verliert das praedium, [8] wer die Wasserleitung auf seinem Boden nicht reinigt, ebenfalls, [9] wer sein Haus einstürzen lässt, läuft Gefahr, dass ihm der Bauplatz entzogen wird, [10] ja das ganze Privatleben überwacht der Staat, er duldet keinen verbotenen oder unsittlichen Erwerb und daher zieht er das fideicommissum tacitum [11] an sich, entreisst dem indignus seinen Erwerb von Todes wegen, dem untergeschobenen Kind die Erbschaft [12] und wo immer er einem Gewinn begegnet, der unanständig erscheint und doch nach Lage

---

[1] l. 32 § 28 de donatione inter vir. 24, 1.
[2] l. 3 C. de nautico foenore 4, 33; l. 11 § 2 de public. 39, 4.
[3] l. 1, 2 C. de navibus 11, 3.
[4] l. 7 C. de fabricens. 11, 9.
[5] l. 2 C. de commerciis 4, 63.
[6] l. 4 C. de vestib. 11, 8.
[7] l. 1 C. de fundis 11, 66.
[8] l. 1 pr. C. de desertor. 12, 46.
[9] l. 1 C. de aquaeductu 11, 42.
[10] l. 4 C. de jure reip. 11, 29.
[11] l. 43 de jure fisci 49, 14.
[12] l. 46 pr. de jure fisci 49, 14.

der Dinge von einem Privatberechtigten nicht beseitigt werden kann, und wäre es auch nur, dass Jemand unerlaubter Weise nach Schätzen suchte,[1] da greift der Staat durch Wegnahme ein. Es ist kein leeres Wort, wenn die römischen Juristen uns versichern, dass honeste vivere ein praeceptum juris sei. Diese Aufsicht geht so weit, dass sie sogar dem Freigelassenen die Freiheit kosten kann, wenn Niemand in der Lage wäre, die Bedingungen der Freilassung ihm gegenüber aufrecht zu erhalten.[2]

Alle diese Fälle bezeichnet man bekanntlich als commissum, Verwirkung.[3] Dieselbe führt demnach Vermögensbestandteile Privaten zu, oder sie dient dem Staat zur Hinderung von Vorgängen, die ihm zwar unerlaubt aber doch nicht wichtig genug erscheinen, um ihnen mit öffentlicher Strafe entgegen zu treten. Wo der Staat seine Rechte Privatvereinen überlässt, wie das z. B. bei den Zöllen geschieht, da folgt dieser Überlassung auch die Verwirkung,[4] ja alle Privatpersonen können dasselbe Prinzip durch eine lex commissoria in ihre Rechtsgeschäfte willkürlich einführen.

In welcher Weise der römische Staat diese Vorschriften ins Leben führte, das lässt sich nicht mit Sicherheit erkennen. Einige sind der Ansicht, dass durch das in fiscum cogere, fisco vindicare geradeswegs der Civilprozess bezeichnet sei; ich glaube, dass eine solche Bindung nicht nur praktisch unerträglich sein würde, sondern dass auch durch das de medio tollere, aufferre,[5] occupare[6] auf den naturgemässen Weg thatsächlicher Durchführung hingewiesen wird, dem ein verwaltungsrechtliches Verfahren «apud fiscum»[7] zur Seite stand, für welches man durch ausgedehnte Belohnung von Angebern Nahrung schaffte.

Was wir bislang betrachteten, waren Thatbestände strafrecht-

---

[1] l. un. C. de thesaur. 10, 15. l. 3 § 10, 11 de jure fisci 49, 14.
[2] l. 2 C. si servus 4, 55.
[3] Thon, Rechtsnorm. S. 23. Note 57.
[4] l. 14 de publican. 39, 4; l. 11 C. de vectigal. 4, 61.
[5] l. 37 pr. de injur. 47, 10; Nov. 85 c. 2.
[6] l. 3 C. de nautico foenere 4, 33.
[7] l. 15 § 4; l. 45. § 7 de jure fisci 49, 14. l. 7 C. de jure fisci 10, 1. l. 5 C. de bon. vacant. 10, 10. l. 8 § 5 C. de delator. 10, 11. l. 1 C. de petit bon. subl. 10, 12. l. 6 C. de erogatione 12, 38.

lich indifferenten Charakters; aber Gegenstände, die mit einem Delikt zusammenhängen, bieten ähnliche Gesichtspunkte. Die scelere quaesita [1] sind dem gleichen Schicksal verfallen, wie die turpiter quaesita; zu allen Zeiten wird man den Dieb nicht im Besitz der gestohlenen Sache gelassen haben, sobald nur erst der Diebstahl der Sphäre enthoben war, dass Dieb und Bestohlener das mit einander allein abzumachen hätten. Von hervorragender Bedeutung aber ist allezeit eine Sache gewesen, die mit der Tötung eines Menschen zusammenhing. Die Scheu vor vergossenem Menschenblut, der Grundpfeiler aller Kultur, hat die Sache, leblose wie lebende, mit einem Makel behaftet, auf dem einerseits das alte noxa caput sequitur ruht, der andererseits sich in dem Vorgehen gegen Tiere in aller Form Rechtens offenbart. Zahlreiche Fälle sind bekanntlich überliefert, in denen man Tiere, Ochsen, Pferde, Schweine, Kampfhähne zum Tode verurteilt und hingerichtet hat, um Menschenblut zu sühnen. Das zieht sich bis in unser Jahrhundert herein und wenn auch die Vorstellung von Zauberei und Teufelswerk gelegentlich mit hinein gespielt hat, so handelt es sich doch vorzugsweise um die Beschwichtigung des sittlichen Abscheus, wie er sich ähnlich gegen das befleckte Tier bei der Sodomie zeigt. — Am seltsamsten hat sich dieser Gedanke im Deodand des englischen Rechts gestaltet. Der Baum, der Brunnen, der Wagen, das Wagenrad, das Tier, die Mordwaffe, ja sogar das Schiff auf der See ist Deodand, sobald in, an oder durch dasselbe ein Mensch ums Leben kommt; ohne alle Rücksicht auf die Schuld des Eigentümers fällt es als fluchbeladen an den Gerichtsherrn, der es offenbar zu Gott gefälliger Sühne benutzen soll. Das ist im Lauf der Zeiten mehr und mehr eingeschränkt, durch Abschätzung der Coroners Jury in Geld verwandelt, aber doch erst unter der Königin Viktoria am 18. Aug. 1846 aufgehoben worden.

Die Zeiten liegen nicht lange hinter uns, in welchen der Staat dem ganzen Zunftwesen durch Verwirkung zur Seite stand, die Veräusserung an die tote Hand ohne vorherige Erlaubnis mit Konfiskation bedrohte, den Dardanariat und Nachdruck dadurch zu hindern suchte und unter dem Titel des corpus delicti Alles nahm, was überhaupt mit einem Verbrechen in Berührung gekommen

---

[1] l. 9 de jure fisci 49, 14. l. 12 de falsis 48, 10.

war,[1] — jene Zeiten, von denen Beccaria § 40 mit Recht sagt, dass die Verbrechen der Unterthanen das Erbteil der Fürsten bildeten. Die konstitutionelle Monarchie mit ihrer geregelten Finanzwirtschaft hat das fiskalische Interesse abgeschwächt und die moderne Rechtsanschauung ist dem Gedanken der Verwirkung nicht gewogen. Nur in spärlichen Fällen droht jetzt noch ein neues Gesetz nichts als den Verlust von Vermögensbestandteilen,[2] die Theorie schickt sich an, die Geltung der alten römischen Rechtssätze thunlichst einzuschränken, die Praxis indess folgt zur Zeit noch dem Grundsatz, dass auch heute noch der Staat das lucrum turpe entwinden kann.[3]

Der gewiesene Weg zur Geltendmachung solcher durch Verwirkung erworbener Ansprüche ist der Civilprozess, wie jene Urteile das auch darlegen. Aber wo die einschlagenden Thatsachen zugleich den Thatbestand eines Delikts im Sinn des Strafrechts bilden, da liegt es nahe, die privatrechtliche Wirkung gleichzeitig mit der Strafthat feststellen zu lassen; dadurch wird an Zeit und Kosten erspart und die immerhin missliche Möglichkeit ausgeschlossen, dass Civil- und Strafrichter miteinander in Widerspruch geraten. Früher hatte das bekanntlich im sog. Adhäsionsprozess eine weitgehende Berücksichtigung gefunden. Das moderne Strafverfahren ist zu ungeduldig geworden, es hat den begleitenden Civilpunkt abgeworfen, soweit ihm das möglich war; ganz freilich ist ihm das nicht gelungen, auch heute noch entscheidet der Strafrichter in der Kostenfrage, bei der Sicherheitsleistung und Busse über civilrechtliche Ansprüche.

Das führt uns zu unserer Frage der Bestechung zurück. Überall wo vermögensrechtliche Vorteile im Wege der Bestechung erreicht sind, da könnte der Staat aus Gründen des öffentlichen Wohls diese

---

[1] z. B. § 364 A. L. R. 1, 9.

[2] Das preussische Holzdiebstahlges. v. 2. Juni 1852 § 47 u. Els.-Lothr. Forststrafgesetz vom 28. April 1840 § 20 drohen Verlust zu Gunsten der Armen- oder Gemeindekasse, wenn Jemand, der wegen Waldfrevel in den letzten beiden Jahren bestraft ist, im Besitz von frischem Holz betroffen wird, ohne sich ausweisen zu können. In England war bis 1870 die Veräusserung von Land an Fremde mit Konfiskation bedroht.

[3] O. A. G. Rostock bei Seuffert 17, Nr. 265; Obertrib. Stuttgart das. 20, Nr. 52; O. A. G. Lübeck das. 11, Nr. 155; O. A. G. München das. 32, Nr. 59.

an sich ziehen, das würde beim Zeugen so gut wie beim Makler oder Wägemeister, kurz das würde überall gelten. Der Fiskus könnte im Civilprozess auf Herausgabe des lucrum turpe klagen, da ihm für solche Fragen das Strafverfahren nicht offen steht. Sobald aber die Ehre seines Beamtentums in Frage ist, kann der Staat im Interesse des öffentlichen Dienstes auch nicht wohl die Möglichkeit zugeben, dass seine Strafjustiz den Beamten schuldig spreche, seine Civiljustiz das Gegenteil erkläre. Daraus erklärt es sich, dass der Gesetzgeber für diesen Fall den civilrechtlichen Satz der Verwirkung in das Strafgesetzbuch hineingestellt hat. Dadurch wird die Konformität der strafrechtlichen und civilrechtlichen Entscheidung herbeigeführt, aber der Satz selbst wird dadurch nicht etwa zu einem strafrechtlichen und der Strafrichter, der ihm folgend über das Geschenk spricht, der verhängt damit nicht etwa eine Strafe, sondern er zieht die civilrechtliche Konsequenz eines strafrechtlichen Thatbestandes. Schon die Wortfassung der früheren Strafgesetzbücher lässt darüber keinen Zweifel; einige allerdings bedienen sich des unklaren, landläufigen Ausdrucks, dass das «Geschenk» konfisziert werde,[1] die meisten sagen, dass es der Armenkasse oder Staatskasse zufalle oder verfallen sei;[2] sie äussern sich nicht darüber, wie dieser Anfall realisiert werden solle, sie verlassen sich offenbar auf die Thätigkeit der Beamten; aber wo man, wie z. B. in Preussen, den Strafrichter ausdrücklich anweist, auf diesen Anfall zu erkennen, da tritt der rechtliche Unterschied zwischen dem strafrechtlichen und civilrechtlichen Urteil doch greifbar zu Tage in den Worten «wird mit Geldbusse . . oder mit Gefängnis . . . bestraft und zur Herausgabe des Empfangenen oder des Wertes desselben an den Fiskus verurteilt»[3]. Selbst wo die Gesetze für den Fall der Unerweislichkeit des Wertes eine Schätzung aufstellen und wo sie dies ausdrücklich als eine «Strafe» bezeichnen,[4] selbst da handelt es sich lediglich um die gesetzliche Abschätzung eines privatrechtlichen Interesses, dem man irriger Weise den Namen «Strafe» beilegt.

---

[1] Grossh. Hessen 455; Nassau 451.

[2] Thüringen 315; Sachsen 369; Bayern 444; Oldenburg 473; Altenburg 319; Württemberg 412; Braunschweig 112; Baden 670; Hannover 152, 155.

[3] Preuss. St. G. B. § 309 ff.

[4] Bayern 444; Oldenburg 473.

Nur dieselben Rechtssätze über den Anfall sind es, die der § 335 unseres St. G. B. wiederholt mit den Worten: «es ist im Urteile das Empfangene oder der Wert desselben für dem Staat verfallen zu erklären». In gleicher Weise sagt § 16 des Gesetzes über die Presse vom 7. Mai 1874: «das zufolge solcher Aufforderungen Empfangene oder der Wert desselben ist der Armenkasse des Orts der Sammlung für verfallen zu erklären». Dieselbe Vorschrift hat der § 20 des Socialistengesetzes vom 21. Okt. 1878: «Ausserdem ist das zufolge der verbotenen Sammlung oder Aufforderung Empfangene oder der Wert desselben der Armenkasse des Orts der Sammlung für verfallen zu erklären». In allen diesen Fällen spricht der Strafrichter gleichmässig den Anfall bestimmter Vermögenswerte an bestimmte Rechtssubjekte aus, er spricht neben seinem strafrechtlichen ein civilrechtliches Urteil. Und ganz das Gleiche könnte stattfinden auch hinsichtlich der Früchte und Mittel des Delikts. Sobald der Staat sie vom Standpunkt des Anfalls aus behandelte, würde die Frage des nicht herausgegebenen Staatsguts von selbst zur Frage des Wertes hinüberführen. Wir haben vorhin gesehen, dass man in Preussen erörterte, ob man nicht bei Unmöglichkeit der Konfiskation auf den Wert erkennen lassen solle; hätte man die Frage damals bejaht, so hätte das Gericht in gleicher Weise wie nach den erwähnten Reichsgesetzen die Mittel und Früchte oder deren Wert für dem Staat verfallen erklärt.

Thatsächlich wird sich nun freilich häufig das verfallene Objekt schon aus Gründen des Beweises in den Händen der Behörden befinden und die civilrechtliche Entscheidung wird ihre praktische Lösung dann in der Weise erhalten, dass die beschlagene Sache an den Neuberechtigten abgeführt wird. Das darf uns aber doch nicht verleiten, in dem Verfallen-Spruch eine qualifizierte Einziehung zu erblicken. In dem praktischen Ergebnis können Einziehung und Befriedigung des Neuberechtigten zusammentreffen, wie ja ein solches Ergebnis auch durch gewöhnliche Zwangsvollstreckung herbeigeführt werden könnte; das setzt aber voraus, dass es sich um ein Sachindividuum handelt, denn nur für ein solches ist die Einziehung verwendbar. Sobald der Wert in Frage kommt, versagt die Einziehung ihren Dienst und es ergiebt sich daraus, dass es sich in jenem Fall nur um eine mögliche gleiche Wirkung handelt. Die Wertbefriedigung würde ganz von selbst dem civilrechtlichen Vollstreckungsverfahren zufallen und ihren privatrechtlichen Charakter darin zeigen, dass eine Verwandlung in öffentliche Strafe nicht möglich wäre. Noch deutlicher aber tritt die privatrechtliche Natur der Rechtssätze ins Licht, wenn wir uns den Fall vergegenwärtigen, dass aus irgend einem Grunde das Strafverfahren nicht zur Existenz oder nicht zum Ende käme; der privatrechtliche Anspruch wäre dadurch nicht getroffen, für ihn stünde dem Verwirkungsberechtigten der Civilprozess wie für jeden andern Vermögensanspruch offen und nur der Civilprozess; ein objektives Verfahren, in welchem der Strafrichter selbständig auf einen solchen Anfall sprechen könnte, giebt es in unserm Recht nicht.

Fassen wir unser Ergebnis zusammen, so haben wir in der Einziehung ein Institut des Verwaltungsrechts, in dem Anfall ein Institut des Privatrechts vor uns; dass diese Einsprengsel sich im Strafgesetzbuch finden, erklärt sich aus der Gleichheit der Ursache und des staatlichen Organs, aber diese Verbindung reicht nicht aus, die Institute selbst zu strafrechtlichen zu machen.

Kolibri 360 GmbH
Ferdinand-Jühlke-Straße 7
99095 Erfurt, Deutschland
produktsicherheit@kolibri360.de